Web界面设计

何丽萍 杨光 龙彬 编著

清华大学出版社
北京

内 容 简 介

本书重点介绍网页界面设计的相关内容。从设计艺术学的角度说明网页中各部分的作用；在遵循形式美法则的基础上讨论如何提高网页信息传递效率；在总结网页设计规律和方法的同时补充网页交互设计的内容。

本书第 1 章介绍网页设计制作的基本原理和工作流程；第 2~5 章讲述网页设计的原则和方法；第 6、7 章介绍网页交互设计的原则和方法。为方便师生教与学，本书还提供了配套的教学视频和课件。

本书适合作为高等院校设计学、计算机相关专业本科生网页界面设计课程的教学用书，也可供网页界面设计从业者参考使用。

版权所有，侵权必究。举报：010-62782989，beiqinquan@tup.tsinghua.edu.cn。

图书在版编目（CIP）数据

Web 界面设计 / 何丽萍，杨光，龙彬编著 . -- 北京：清华大学出版社，2025.6.
ISBN 978-7-302-69222-5

Ⅰ．TP393.092

中国国家版本馆 CIP 数据核字第 20257PA978 号

责任编辑：刘向威
封面设计：文　静
版式设计：何凤霞
责任校对：李建庄
责任印制：宋　林

出版发行：清华大学出版社
网　　址：https://www.tup.com.cn，https://www.wqxuetang.com
地　　址：北京清华大学学研大厦 A 座　　邮　编：100084
社 总 机：010-83470000　　邮　购：010-62786544
投稿与读者服务：010-62776969，c-service@tup.tsinghua.edu.cn
质 量 反 馈：010-62772015，zhiliang@tup.tsinghua.edu.cn
课 件 下 载：https://www.tup.com.cn，010-83470236

印 装 者：三河市龙大印装有限公司
经　　销：全国新华书店
开　　本：185mm×260mm　　印　张：9.75　　字　数：237 千字
版　　次：2025 年 6 月第 1 版　　印　次：2025 年 6 月第 1 次印刷
印　　数：1~1500
定　　价：59.00 元

产品编号：104340-01

前言

随着现代网络技术的飞速发展，网页界面设计也经历了不同阶段的发展。但是从用户的需求出发，设计功能性与形式感完美统一的网页作品的基本原则是不变的。优秀的网页设计作品不仅具有良好的视觉效果，更是一个面对用户易用、好用的系统，应具备信息快速准确地传递给用户、页面留给用户深刻的印象、用户对网页内容有深入了解的欲望等特征。这要求网页设计师首先要对行业和用户进行全面的调研和分析，然后结合设计师自身对艺术、审美、时尚的理解，综合运用感性和理性思维，有机整合文字、色彩、图形或图像、链接、导航等设计要素，整体呈现出完美的网页设计作品。

本书面向网页设计初级学习者及行业从业者，从系统设计的角度对网页设计进行一个全面翔实的剖析。全书共7章，第1章主要介绍网页设计的基础知识与规划，系统阐述了网页设计前期的设计流程；第2~5章主要以网页的视觉设计原则和方法为主，通过对网页版式、色彩、图像、字体等视觉元素的分析和阐述，总结在网页设计过程中这些元素对网页信息传递效果的主要影响，以及提高信息传递效果的设计方法；第6章讲述了网页设计的交互设计方法；第7章讨论了提高网页信息传递效果的一些设计细节。本书以提高网页信息传递效果为主旨，通过系统化设计思路，希望打通网页设计中的交互设计与视觉设计的隔断，为学习者提供更为全面系统的设计原则和设计方法的帮助和参考。

本书第4章由杨光编写；第6章由龙彬编写；其余章节由何丽萍编写。何丽萍负责全书的修改及统稿。感谢华东师范大学的黄波教授，他的审稿意见保证了本书内容的学术质量。还要感谢清华大学出版社的编辑团队，是他们的辛勤工作保证了本书的顺利出版。

希望本书能够起到抛砖引玉的作用，为未来的网页设计师提供些许的帮助，尽管我们做了很多努力，但由于编者能力有限，书中难免存在疏漏，还望广大读者不吝赐教，这将是我们继续前进的动力源。

编 者

2025年3月

目录

第 1 章　网页设计概论 ··· 1
　1.1　网页设计基础 ··· 1
　1.2　网页的设计制作流程与整体规划 ······································ 5

第 2 章　网页的版面设计 ··· 12
　2.1　网页版面设计的基本原则 ··· 12
　2.2　网页版面设计的基本方法 ··· 30
　2.3　网页的版面结构 ·· 32
　2.4　网页版面的基本类型 ·· 41

第 3 章　文字的编排与设计 ·· 51
　3.1　网页文字的使用和编排 ··· 51
　3.2　网页文字设计的基本原则和方法 ···································· 55

第 4 章　图像的处理 ·· 67
　4.1　图像的规格 ··· 67
　4.2　图像与风格主题 ··· 73
　4.3　统一与背景 ··· 80
　4.4　动态图像 ··· 86

第 5 章　网页色彩 ·· 87
5.1　网页色彩模式 ·· 87
5.2　网页配色原则 ·· 88
5.3　网页配色方法 ··· 102

第 6 章　网页交互设计方法 ·· 111
6.1　网页信息的梳理与设计 ··· 111
6.2　交互设计原则 ·· 115
6.3　网页界面的原型设计 ·· 121

第 7 章　网页设计中需要注意的一些细节 ··· 128
7.1　导航 ·· 128
7.2　主页 ·· 137
7.3　页脚 ·· 143
7.4　网页中的图形符号 ··· 145

参考文献 ··· 148

第 1 章

网页设计概论

1.1 网页设计基础

1.1.1 网页的定义和基本构成

网页是存放在 Web 服务器上供客户机用户浏览的页面——HTML 文档，HTML 的全称是 hyper text markup language，中文翻译为"超文本标记语言"，是一种可以在 Internet 上传输，并被浏览器认识和翻译成页面显示出来的文件。网页的核心就是超文本技术。要让浏览器显示出用户想通过网页表达的内容，必须要用 HTML 语言设定版面的样式。浏览器是一个用于定位和阅览 HTML 文档的软件工具。

网页包括文字、图像、链接、声音和影像等内容，下面分别介绍。

1. 文字

文字指文本文字，而非图形化的文字。文字是网页中的基本元素，信息的传达主要是以文字为主，如果网页缺少文字元素，用户就无法准确地理解页面信息。

在网页中可以通过字形、大小、颜色、底纹、边框等来设置文字的属性。

2. 图像

图像能使网页的意境发生变化，并直接影响浏览者的兴趣和情绪。图像是除文本外网页上最重要的设计元素之一。一方面，图像本身是传递信息的重要手段，它比文字更直观、更生动，可以直观地把文字无法传递的信息形象地表达出来；另一方面，图像的应用使网页界面具有更强的可视性和趣味性，使用户更容易理解和获取页面信息。

3. 链接

链接是网页编写中最神奇的部分，广泛地存在于网页的图片和文字中。通过链接，可以从一个网页指向另一个目的终端，这个目的终端包括网页、图片、电子邮件地址、文本文件或者是当前网页中的某个特定位置。因为链接的存在，网页之间才能连成一个整体，可以说链接是一个网站的灵魂。

4. 声音和影像

随着技术的发展和用户需求的增加，简单的网页功能已不能满足人们的视觉和听觉的要求，丰富多彩的音频和视频元素成为网页内容必不可少的组成部分。声音和影像的出现，使网页用户的体验达到了前所未有的新境界。

随着技术的发展，在网页未来的发展过程中，必定会有更多更新颖的用户体验方式出现。

1.1.2 网页的分类

因为网站数量和网站内容的纷繁复杂，针对网页的分类有多种方式，本书尝试从技术、用途等方面将网页进行分类，以便从不同类型中寻找出网页的共性和特点。

1. 按照网页的技术分类

网页按照网站的技术表现形式可以分为静态网页、动态网页和交互式网页。

（1）静态网页。静态网页指网页里面没有程序代码，不会被服务器执行。这种网页通常在服务器以扩展名 .htm 或 .html 保存，表示里面的内容是用 HTML 语言编写的。用户在浏览这种扩展名为 .htm 的网页时，网站服务器不会执行任何程序就直接把文件传给客户端的浏览器进行解读工作，除非网站设计师有更新过网页的内容，否则网页的内容不会因为执行程序而出现不同的内容（图 1-1）。

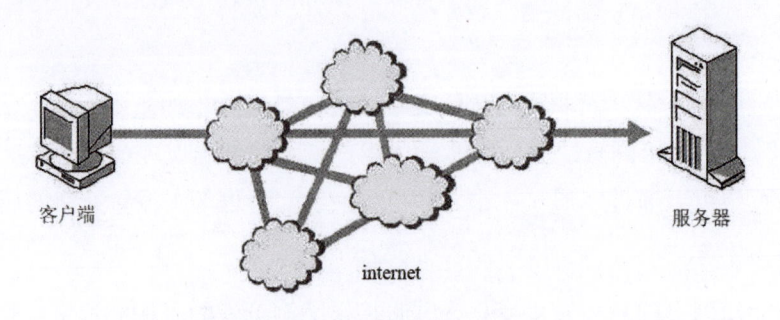

图 1-1 静态网页的工作流程

（2）动态网页。动态网页指网页内含有程序代码，并会被服务器执行。这种网页通常在服务器以扩展名 .asp 或 .aspx 保存，表示里面的内容是 Active Server Pages（ASP）动态网页，有需要执行的程序。用户浏览动态型网页时必须由服务器先执行程序后，再将执行完的结果下载给客户端的浏览器。这种动态网页会在服务器执行一些程序，由于执行程序时的条件不同，执行的结果也可能会有所不同，所以这类网页被称为动态网页（图 1-2）。

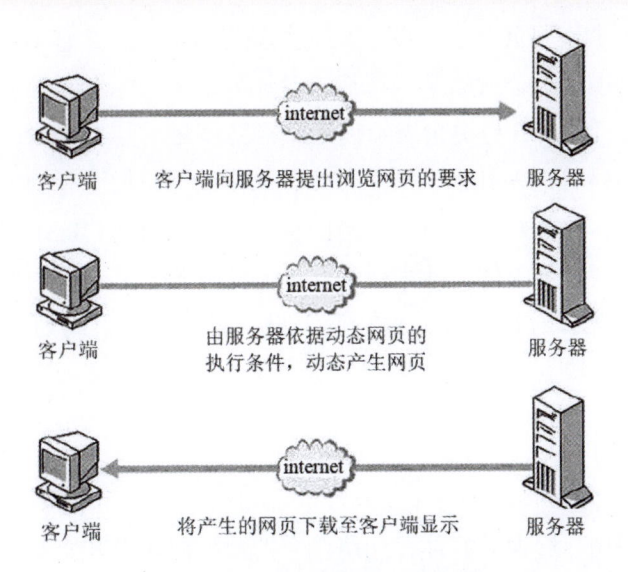

图 1-2　动态网页的工作流程

（3）交互式网页。交互式网页是动态网页的衍生，指网页和用户之间信息传递的双向性动作，网页用户能直接与网页内容或该网页的其他读者进行信息交流。交互式网页使得虚拟的网络世界变得更具体、更直观，给用户带来了更加人性化的网络使用体验。从某种程度上讲，所有的网页都需要具备交互功能，用户可以根据自己的习惯来选择喜欢的使用方式。交互式网页是网页发展的必然趋势。

2. 按照网页的用途分类

网页按照网站推广目的不同可以分为商业网页、教育网页、休闲娱乐网页、行业门户网页、科技网页、个人网页等。

（1）商业网页。商业网页具有很强的商业属性，可以再细分为企业官网、商贸交易平台、商业活动官网等多个领域。网页界面设计的成功与否直接关系到企业良好形象的树立及商业目的的达成，是企业和消费者最便捷的互动窗口。

（2）教育网页。教育网页是针对特定人群，围绕特定的教育主题，发布特定的教育信息。该类型的网页信息量较大，互动要求高。

（3）休闲娱乐网页。休闲娱乐网页的内容和人们的日常生活息息相关。网页特点是内容丰富、娱乐性强，设计风格多变，色彩搭配较为活泼、鲜艳。

（4）行业门户网页。行业门户网页的显著特点是大、多、全，网页信息分类详细，涉及的内容也非常广泛。这类网页针对的用户年龄跨度很大，因此访问量也很大。此类网页广告较多、风格各异。

（5）科技网页。科技网页通常以展示和推广产品为主，这类网页主要讲求创意的新奇，设计个性的标新立异。

（6）个人网页。个人网页有别于以上几个类型的网页，虽然它不排斥一些基本的业务信息，但它更倾向于展示个人的某些特性，设计风格更为标新立异。相比以上几种网页，个人网页的信息量较少，更突出展示设计风格的多元性。

对于网页的分类还有许多其他不同的方式，如按照网站拥有者的不同，可将网页分为个人、企业、政府、教育部门、组织机构网页等；按照网站功能不同，可将网页分为信息浏览、即时交流、电子邮件、搜索引擎、电子商务等。由于篇幅所限，在此不一一列举。了解网页的分类，有助于今后进行网页设计时，针对不同的用户群进行明确定位，准确把握网页风格特点。这是网页设计成功的基本前提。

1.1.3 网页的特点

1. 具有交互性

相对于文字、印刷、影视等媒体，网络媒介的独特性在于其交互性。人们可以运用综合的信息传递方式，借助视、听、触觉等方式来获取更广泛的资源。

网页的超链接功能使用户享有高度的主控权，用户可以根据自己的需求选择所需要的信息，表达自己的观点甚至形成某种形式的作品，用户也可以对网上的某些信息做出自己的决定，并将其加入网络媒体中，成为网络信息的一部分。因此在网络世界里，信息的传递和发表不再是少数报社、出版商所拥有的特权，每个人都可以成为信息的消费者，同时也是信息的生产者，用户也不仅是信息的接收者，还拥有更大的选择自由和参与机会。

网页中的交互性将有助于满足大众对日益增长的个性化信息的需求，满足用户的参与性，以及实现某种愿望、需求、目标和能力。

2. 时效性强

时效性是信息社会对信息传达的最基本的要求，网页以其快捷的传输速度充分体现出现代信息社会的时效性。

虽然目前网络速度仍然会受到某些客观因素的影响，但是相比传统的传播媒介，时效性是互联网在信息传输方面的明显优势。当报纸、杂志还在制版印刷时，当广播、电视还在后期制作时，通过互联网发布的信息早已送达用户的身边。互联网的迅捷为网页信息的传递提供了前所未有的传播途径。

3. 更新及时

由于网页信息传达所具备的交互性特点，使得网页信息必须不断更新，因此网页作品的发布并不意味着工作的结束，网页传递到主机上之后，网站开发人员必须根据用户的反馈信息和网站各阶段的经营目标，设定网站不同时期的经营策略，对网页进行定期或不定期的调整和修改，以达到理想的传播效果。

4. 不受时间和地域的限制

网络信息的依托是互联网，所有信息一旦进入互联网便都处于同一时间和空间内，不再受地域和时间的限制，因此网页作为传播媒介这一与生俱来的优势，令其他传统传播媒介望尘莫及。

5. 信息反馈及时、准确

在互联网上，信息反馈是通过计数器、留言本、电子信箱及对用户的跟踪系统来完成的。相对传统方式的市场调研，这种基于数字技术的信息反馈方式更加及时、准确、有效和全面。

6. 具备多媒体功能

网页最大的资源优势就是它的多媒体功能。互联网通过文字、声音、图像、动画，甚至虚拟显示技术进行信息的交流传递，用户可以在网络上一边查找信息，一边享受互联网带来的乐趣，如一些在线音乐、网络电视、电影直播等。因此，多媒体的综合运用是网页信息传播的重要特点之一。

7. 注重立体结构设计

网页的最终表现效果容易受到平面的表现空间以及用户终端设备等因素的限制，因此网页更注重立体的整体纵深性结构的设计，这也是有别于传统媒介的一个显著特点。合理完善的网页立体结构对于网站自身的上传维护、内容的扩充和移植、网站的推广和销售，都有着重要的影响。

1.2 网页的设计制作流程与整体规划

随着网页技术的飞速发展和硬件条件的提高，更为复杂和庞大的站点应运而生，网站的创建不再是简单地将几个页面串联起来，或者开发几个界面模板后再填充内容就可以满足需要。网站的建设是一个庞大的系统工程，在确定了网站的主题内容之后，网页的设计要进行前期调研、风格定位、素材收集、设计制作、调试发布、后期维护等一系列的工作，要以一种清晰而明朗的方式来开始这项系统的工程。

1.2.1 设计流程总览

通常而言，不同体量的网站会由不同配置的设计团队负责设计和制作，且都会遵循一定的设计流程。网页的设计流程不是一个严格死板的规定，它包含了设计制作的一般规律，一个科学合理的设计流程是网站得以顺利完成的保证，也是团队分工合作时间表的指南。

网页的设计流程一般可分为策划与前期调研、网页功能与风格定位、设计制作、发布调试与后期运营维护四个阶段。在每个阶段中又会有更为细致具体的流程环节。虽然具体的流程环节根据项目情况的不同可能会有叠加或反复,但正向设计开发的网站通常会严格按照上述四个阶段的顺序进行。

  作为主要团队管理者及成员,要把握好整体进度与流程,组织协调好人员分工,以各阶段的产出物为目标,推进项目进度乃至完成整体目标任务。在策划与前期调研阶段,主要参与人员为产品经理、策划人员、市场人员以及甲方等,产出物主要为需求分析、调研报告和策划方案;在网页功能与风格定位阶段,需要在前期工作的基础上重点凸显建构设计师、视觉与交互设计师的职能,对标前期的需求分析、调研报告及策划案进行设计搭建,产出物为网页设计效果图与交互原型图(图1-3);在设计制作阶段,根据网页技术路线与体量,主要以架构设计师、前端工程师、后台程序员、视觉与用户体验设计师为主,对标前期的设计效果及模型进行制作,产品经理与用户体验设计师负责主体把握,产出物为内测网站;在最后的运维阶段,内容维护一般由管理员完成,必要时协同产品经理召集团队及甲方进行功能或形象的调整、改版、升级等相关工作。

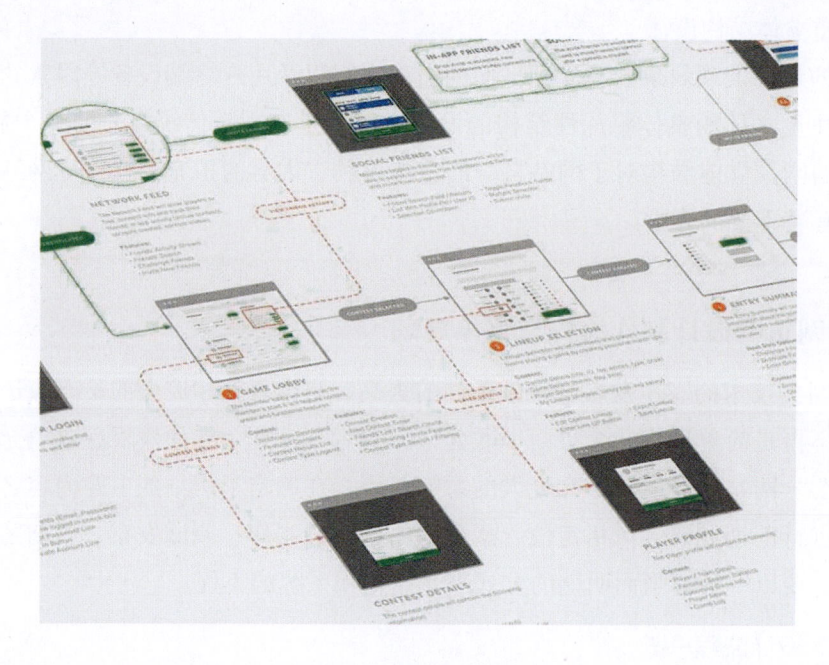

图1-3 界面交互流程

1.2.2 策划与前期调研阶段

  策划与调研是决定网页设计的重要环节,既是基础也是导向。一个网站的诞生往往是一个系统的组织和协调过程,其目的是进行信息的传播流通,进而促成各方目标任务的达成。

网页设计因何而起，解决什么问题，该以何种方式呈现等具体的后续问题都需要策划给出答案。网页的策划通常是甲方给出大致需求，少数情况下也有甲方会给出比较完整且具体的需求，产品经理组织设计及制作人员参与对接并讨论确认网站需求，制定出大致的策划方案，形成方案资料。一个完整的策划方案通常包括需求分析、市场调研、功能与风格定位、技术路线、建设周期与成本等方面的内容。也有甲方无法给出明确具体需求的情况，这种情况则需要产品经理根据自己的专业经验进行引导，协助甲方明晰需求的同时也能符合专业需要。

　　形成初步策划方案后，下一步的流程是针对策划方案进行调研。调研阶段是对策划的验证修订和丰富，主要目的是完成两方面的工作。

　　一是需求的明晰工作。需求既是甲方的需求，也是用户的需求，即甲方及用户需要通过这个站点解决什么问题。这其中既可以是实用性的问题，也可以是偏向审美的问题，抑或两个都有。需求明确后，作为设计方，需要根据情况对需求的重要性进行主次和层级的划分，并与甲方确认，通常而言，中小型网站的需求不宜过多，主要围绕一个主要需求进行制作。

　　二是需要进行完备的调研分析。通常包含用户分析、市场分析（如相关行业的市场特点和发展态势，行业特定消费群的年龄等）、心理特点和消费习惯等内容。调研分析采用的方法也比较多样，常见的方法如用户访谈、问卷调查、大数据分析（这部分工作也可委托专业的第三方咨询机构完成，国际知名的咨询公司如麦肯锡、特劳特，国内如艾瑞咨询、明镜咨询等）、竞品分析（包含但不限于竞品的品牌形象、版式布局、色彩、图像、文字、交互、媒体元素、技术路线、竞争对手的优势和劣势等），当然不同侧重的网站也会有针对性地进行重点分析。只有对这些内容进行详细的调研和分析之后，才能够做到有的放矢。

　　最后，需要归纳总结上述两方面的调研情况，形成设计方向小结。小结的内容要层次分明、逻辑清晰，形式可以是多样的，能够明晰、有效地传达，为下一步的设计工作提供方向和参照。

1.2.3　网页功能与风格定位

　　解决了以上的问题后，就可以着手确定网站的主要功能内容、创意方向、风格定位、栏目划分及技术方案等内容。

1. 功能梳理与布局

　　梳理信息是正式进入界面设计的第一步，这需要组织设计团队共同研读前期得到的设计方向小结。所有成员需要在内容上理顺项目设计的需求、目的、背景等重要注意事项，根据设计方向小结，对网页进行基于主要功能和内容的布局设计，在整体体量上规划网站的结构和页面的结构，在功能内容上模拟用户主要操作步骤进行交互结构的串联，形成网站的整体功能内容的布局结构。要主次分明、功能突出、操作便捷。这个阶段的工作一般由产品经理协同设计师共同完成，可以使用 AXURE 等工具进行快速地布局搭建（图 1-4），进行低保真原型的输出，方便汇报确认。

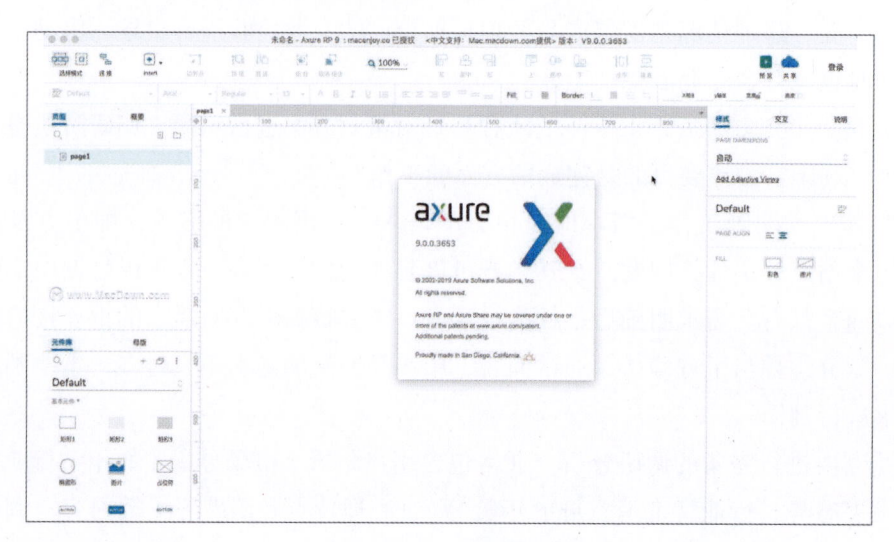

图 1-4　AXURE 操作界面

网站整体结构确认后，可以进一步细化主要页面的结构，对主要页面的布局进行设计。需要重点布局的页面一般包含主页、主要的二级页面及功能页面，其他页面可以稍作处理，等主要页面确认完后再做完善。在布局的体量安排上，一个网站的布局设计通常在满足功能需要的同时还要兼顾布局的统一和变化，为后期的视觉设计提供富有阅读节奏感的框架基础。在布局的形式上，常见的页面布局基本为基于网格结构的上中下、左中右组合布局。使用这种布局方式的页面具有很多优点，在阅读使用上清晰有序，可以很好地划分与归纳页面内容；对用户进行简洁高效的阅读引导；在技术支持和后期修改维护上也更为方便；在跨终端兼容上也更容易对其进行响应式布局的拓展延伸。功能性较强的网页站点比较适合此类布局，如纽约时报官网、苹果官网、网易严选官网等。也有不少网页的布局为自由版式布局，但这种布局大多需要定制设计，因此这类网站的体量总体较小，更为个性化，更能进行视觉品牌的宣发、推广和各种形式内容的趣味性表现，如漫画故事类网站 The boat、零食品牌网站 Popitas 等，就采用这种方式进行布局设计，引入漫画、动画、音效、视频等方式组成整体设计方案的感染力更强（图 1-5、图 1-6）。

总之，布局方式并没有优劣之分，需要根据需求分析主要功能与内容布局的合理性，结合设计创意进行整体考虑。

图 1-5

图 1-6

2. 创意的重要性

创意是网页设计的灵魂所在，缺乏创意的网页是没有生命力的。创意不仅体现在整体的网页布局和策划上，也体现在网页设计方方面面的细节中，好的创意可以使网站深入人心、充满魅力，让用户印象深刻、过目不忘。网页的创意可以从多方面切入与体现，例如网站 Where is Poland 即是在整体的网页结构上，围绕内容设计，进行线性的时间轴布局，让人耳目一新（图 1-7）。又如梵高美术馆官网，在色彩上让人感觉到与内容的呼应与延伸（图 1-8）。

创意是风格的灵魂。通常设计是在规则与反规则、技术与反技术的矛盾中追求新异。网页界面设计的规则与印刷品的设计规则一样，存在于信息要素、装饰要素、思维要素等不同关系之中。创意不是凭空而生的，它需要设计者平时的学习和素材的积累，在这个过程中创意会逐渐孕育而生，这是一个厚积薄发的过程。

图 1-7

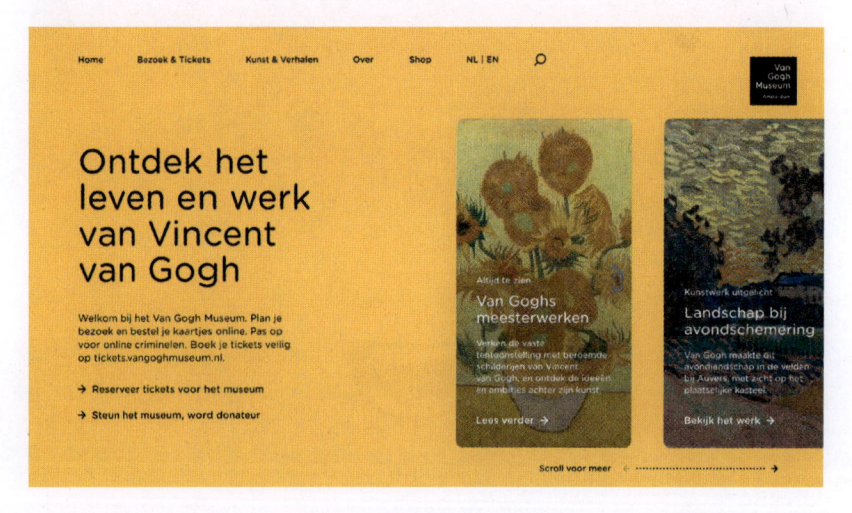

图 1-8

虽然很多时候创意给人的感觉是灵感乍现,但也可以通过一定的训练对创意的发生进行影响,而能够熟练运用设计创意方法对设计师的创意至关重要,常用的设计创意方法和流程可以通过头脑风暴、信息梳理、方向小结等方法开展和推进。

3. 网页的风格定位

网页的风格定位和网页的创意应一致,网页的整体设计风格需要通过图形、文字、色彩等视觉元素来表现。不同性质的行业网站应体现不同的风格类型。

一个网站的内容如果没有特色,风格将失去价值;如果没有风格,内容也将损失价值。在风格定位时必须要考虑以下三点。

(1)确保形成统一整体的界面风格。页面上所有的图像、文字,包括背景颜色、区分线、字体、标题、注脚等所有视觉元素要形成统一的风格,这种整体的风格要与其他网站的界面风格相区别，形成自己的特色。

（2）确保网页界面的清晰、简洁和美观。这会使得网站具有更强的易访问性和易操作性。

（3）确保各类视觉元素的合理安排。让用户在浏览网页的过程中体验到视觉的秩序感、节奏感、新奇感。

1.2.4　设计制作阶段

这是最实际的操作阶段，如果没有前期的准备工作，这一阶段的工作将会变得无的放矢。因此，在这一阶段的工作中，设计者需要按照前期既定的设计方案，在网页界面创意设计定位策略的引导下，进行设计制作工作。为了保证网站整体风格的统一，任何不符合整体风格的设计元素都必须删去，一切分散注意力的视觉元素，以及可有可无的"装饰"都应该适当摒弃，其最终的目的是使参与界面形式构成的视觉元素与页面的信息内容进行有机地融合，页面上所有的信息将通过最有效的方式传递给用户。

1.2.5　发布调试阶段

网页作品设计制作完成后，需要进行测试和发布。网页的测试包括内容、界面、功能和目标，对这些内容进行测试无误后，完成最后的上传发布。这是网页设计的最后阶段，网页设计的成功与否取决于用户的评判。经过试运行调整后，设计制作工作就宣告完成，接下来的工作就是维护与更新。

网站维护是网站建设中极其重要的部分，也是最容易被忽略的部分。不进行维护的网站，很快就会因内容陈旧、信息过时而无人问津，或因技术原因而无法运行，这是目前网站建设中最大的弊病。

建好网站只是迈出了网站应用的第一步，要真正让网站发挥作用，网站维护及网站推广是必不可少的一步，为了适应技术更新而升级是必要的。网站开发是一个迭代的过程，从规划、设计、制作到发布调试，如此周而复始。

第 2 章
网页的版面设计

视频讲解

2.1 网页版面设计的基本原则

网页的版面设计是将丰富的信息和多样化的形式组织在一个统一的页面结构中，所有的细节不仅各得其所，而且各有不同的分工。网页的版面设计规则与印刷品的设计规则一样，存在于信息要素、装饰要素等不同关系之中。文字、图片、符号的相互作用建立起一套整体有效的信息传递系统，构成网页的信息框架。点、线、面和色彩的组合运用是构成网页的装饰要素。网页界面的装饰是各部分视觉要素在页面内进行规划的结果，网页的整体结构是基于装饰要素的对立或平衡而形成的。

网页的版面结构划分是将视觉元素进行相互配合时所显示出的视觉差异。它体现在各种视觉元素的形态、对比、协调等关系中。网页的版面结构对表达网站的风格类别具有十分重要的作用。可以从一些优秀的网页中了解网页版面设计的一些规律，这有利于突破一般构成法则追求网页设计的至高境界。Yojin 公司的网站主页采用卷纸效果增加界面的层次感和动态效果，在传统的二维空间营造三维效果，整个网页的版式和风格与网站的建筑主题非常吻合，有效地展示了网站的宣传主题（图 2-1、图 2-2）。This is now 公司的网站首页则采用了版式分割的创意手法，以动态图形作为背景，同时将网站的主题贯穿于网页的始终（图 2-3）。

2.1.1 强调

强调是为了突出页面中非常重要的信息内容。这种手法类似于构成法则中的特异原则，设计者可以设计出实现信息有效传递的层次结构。为了围绕这一设计原则，设计者首先需要分析网站的信息内容，确定应该采取何种分级方式，然后将这些内容按照不同等级的重要性进行规划设计，使页面的版面层次结构清晰、重点突出。需要注意的是，强调的手法应该避免试图强调过多的信息元素，因为如果将一切都作为重点，那么都不会成为重点。pegada ecológica 网站首页采用了图形和简单文字结合的方式以突出网站主题，页面中最强调的即是网站的标题，简明扼要、重点突出（图 2-4）。

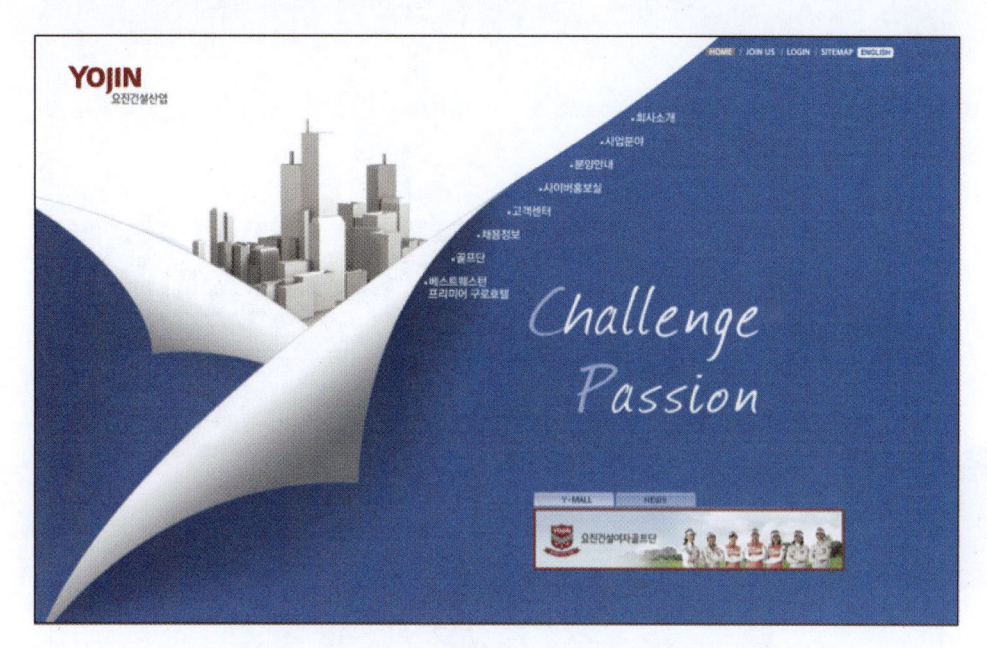

图 2-1

图 2-2

图 2-3

图 2-4

2.1.2 重复

相比强调，重复在设计中是以一种平淡温和的面貌出现的。重复的表现形式多种多样，可以是页面元素的形状、大小、方向以相同的方式出现，使页面产生安定、整齐、规律的氛围。重复在版面设计中的优势是它的可预测性。如果网站以统一的方式来展现版式结构，那么对于用户来说，网站的整体识别性就会增强。相反地，如果一个网站的每个页面都以不同的模板形式来展现，那么这个网站的版面设计就缺乏视觉的连续性，也会大大削弱用户的视觉识别性。nerisson 网站首页采用了六边形的绝对重复方式，将每个链接图标放入其中，这样的设计手法可以让用户方便地找到导航内容，也强化了页面的视觉效果（图 2-5）。gonzelvis 网站首页则采用了立体四边形的重复图形，并将网站的导航图标放在其中，页面采用了交互式动态网页技术，使得网站在简单的二维空间中显示出丰富的立体效果，增加了网站的视觉趣味性（图 2-6）。与前面两个网站不同，second world cup 网站首页为了突出网站的主题，采用了大小不同的圆形做不规则的排列，使页面富有动感，非常贴切地展示了网站的主题（图 2-7）。

图 2-5

图 2-6

图 2-7

　　在使用重复设计方法时需要注意重复在视觉感受上容易显得呆板、平淡、缺乏趣味性，因此对于网页版面中的重复，需要关注的是版面构成元素如何以不拘一格的方式多次出现。可以适当地添加一些交叉与重叠，增加页面版式的趣味性，提高用户的视觉关注度。例如，duplos 网站首页虽然使用了重复设计的手法，但是重复的视觉元素有大小、位置、形式的变化，增加了页面的层次感和空间感（图 2-8）。

2.1.3 对比

　　对比是两个或多个视觉元素之间的差异。设计中的对比能够给网页带来视觉上的变化，不会让人感觉到平淡无味。对比还能帮助网页聚集用户的视觉焦点，从而满足传递某些重要页面信息内容的需求。对比还可以对其他设计原则产生影响，设计者可以运用不同的视觉元素来实现对比。例如，图形、文字和色彩在页面中排列组合、互相比较，产生大小、明暗、强弱、粗细、疏密的对比。大众甲壳虫的网站页面设计采用了图形对比的方式，将车身的造型和唱片以及封套之间的图形进行对比，结合黄黑两色的对比，极大地增加了画面的视觉冲击力（图 2-9）。sberbank1 网站的网页采用了线和面的对比方式，丰富了页面的层次感（图 2-10），该网站的内页也采用了大面积对比的方式，在变化的基础上增加页面的稳定感，适合放置更多的文字内容，装饰性和功能性结合得很好（图 2-11）。

　　由于对比手法常常被用于加强重点信息，所以它能在页面的层次结构上产生最大的影响。通过对比这种方式，可以对网页版面的视觉秩序产生作用，能够迅速引起用户对关键元素的关注。因此，设计者需要认真考虑网站的各种需求，有意识地运用对比来吸引用户关注某些元素。goodbytes 网站首页将页面分成两部分，综合运用了色彩、图形、

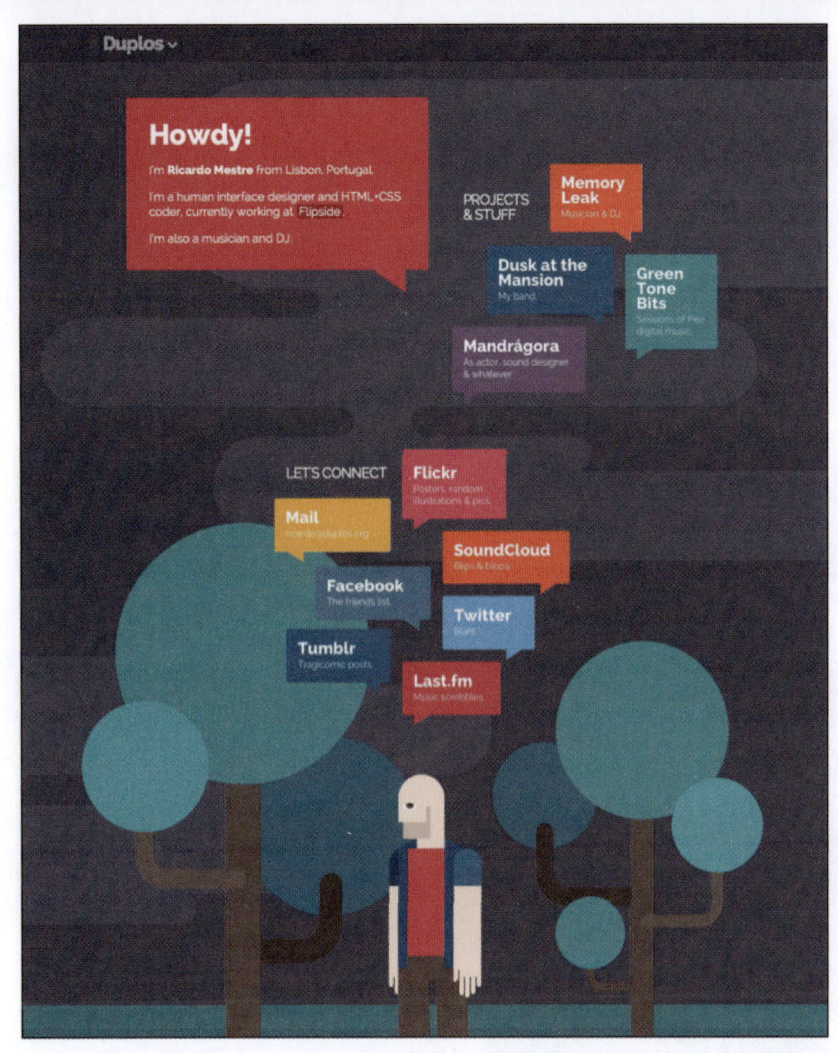

图 2-8

图 2-9

图 2-10

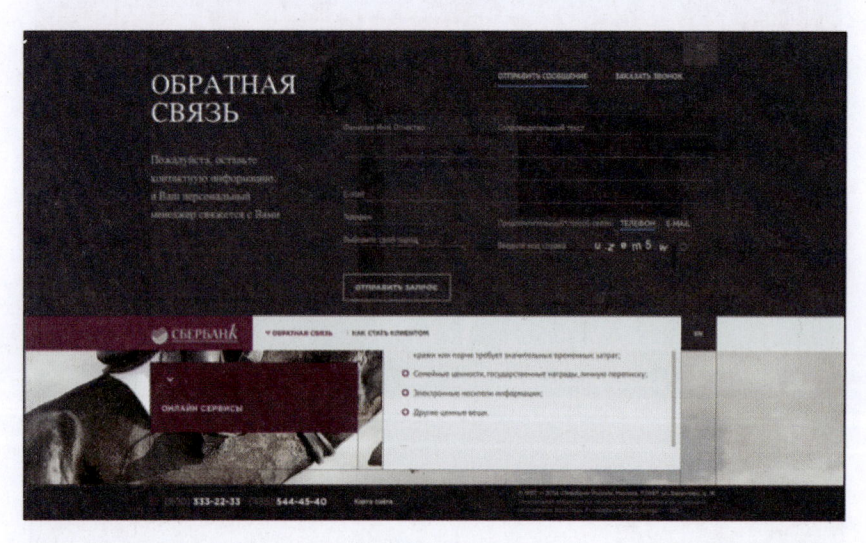

图 2-11

文字和图像对比的方法,极具个人风格。页面的上半部分将内容丰富的图像作为背景,网站的主题和标识则运用简单的文字说明,页面的下半部分使用了简单的色块与图像背景做对比,色彩则运用了两组互补色,整个画面在丰富背景的前提下,运用了简洁夸张的对比手法,使页面繁中就简,很好地展示了网站的主题(图 2-12)。jan mense 网站也同样将网页分为上下两部分,以图形和文字对比的方式统一在矢量图风格之中,很好地体现了作为设计类网站的风格特色(图 2-13)。对比手法非常多样化,也包括图像内容以及版式设计的对比,这在很多网站设计中很常见(图 2-14、图 2-15)。

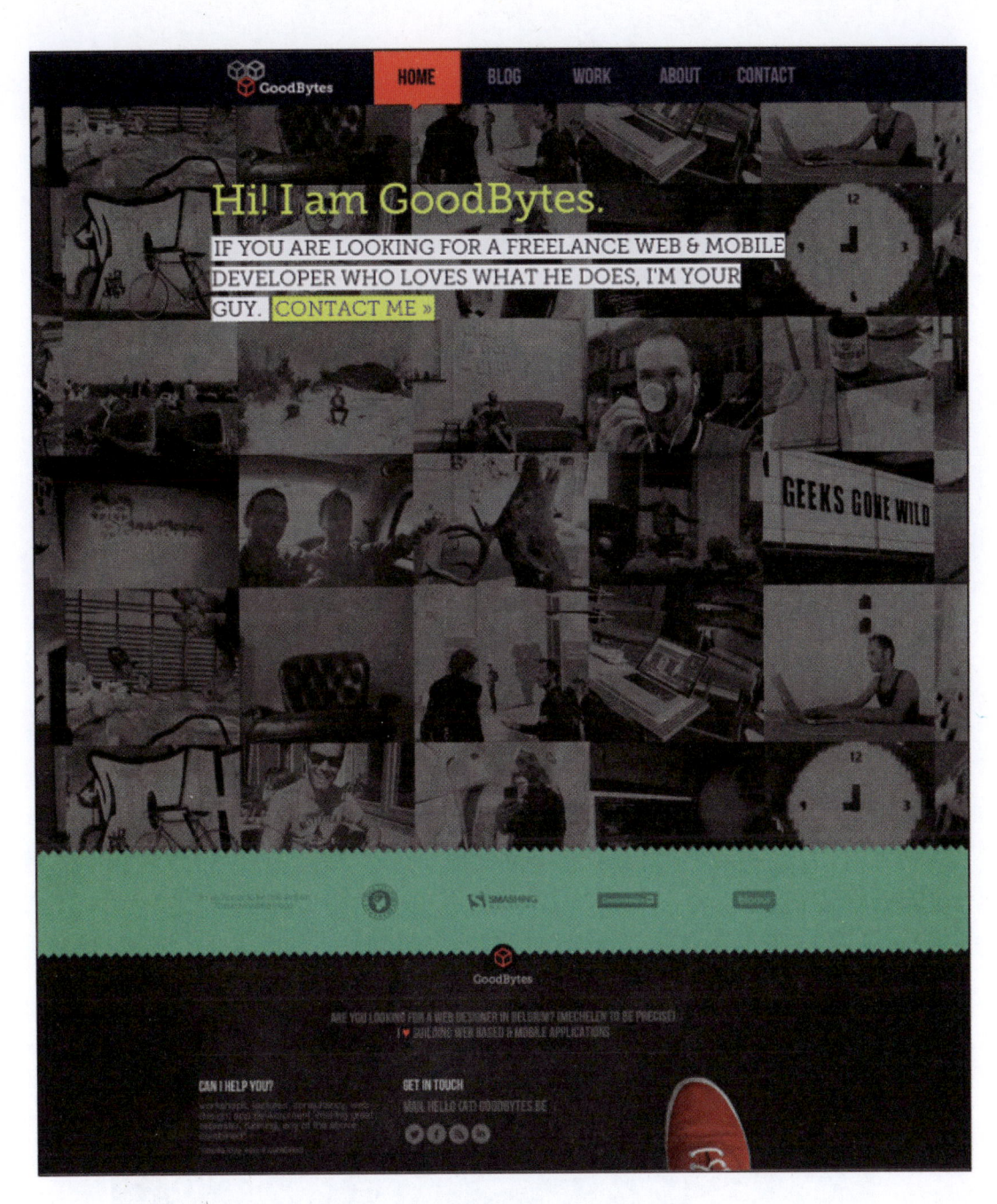

图 2-12

图 2-13

图 2-14

图 2-15

2.1.4 平衡

相比对比，平衡的版式设计会给网页带来一种视觉感受上的稳定性。平衡原则主要考虑设计中的元素如何分布，使得页面中的每个板块能做到基本一致，以达到设计的视觉平衡。也就是说，页面中的某些元素被集合到一起，就形成了视觉重量，这些视觉重量一定要用一个分量相当且作用相反的重量来抵消，否则就会导致视觉的不稳定性。

平衡分对称平衡和不对称平衡两种方式，下面分别介绍。

1. 对称平衡

当页面的形式构成是基于某条轴线对称，并且轴线两边的视觉重量相同时，就称为对称平衡。网页中的绝对对称平衡很少用到，但左右水平对称的手法常常出现在网页的版式设计中，通常是从中分开的左右两边有着相同的视觉重量（图 2-16）。Flourish Web Design 网站首页就使用了对称平衡的手法，将一些必要的导航信息放入左右对称的位置，在平衡视觉的同时将用户的视线成功吸引到重要的信息位置（图 2-17）。

2. 不对称平衡

不对称平衡指使用不同视觉元素来实现视觉的整体平衡。当页面的视觉重量被均匀分布到对称轴上，而对称轴两边的个体元素不相对应时，就形成了不对称平衡。

因为不对称平衡常常是对所呈现内容的一种更加自然的处理方式，所以它在网页设计中较为常见。nest 企业网站首页的版式设计就采用了不对称平衡的手法，画面的主要

图 2-16

图 2-17

部分虽然在面积上被分为不完全对称的两部分，但是在视觉元素设计上使画面达到了力量的均衡对称（图2-18）。blackberry网站首页将页面分为相等的两部分，左右两边分别是文字和图像的内容，使页面整体达到了视觉感受统一均衡的效果（图2-19）。this is grow网站首页也采用了不对称平衡的手法，采用文字和大面积空白的方式使网页达到了视觉平衡的效果（图2-20）。gavin castleton网站首页运用不对称均衡的图像对比手法，产生了强烈的视觉效果（图 2-21）。

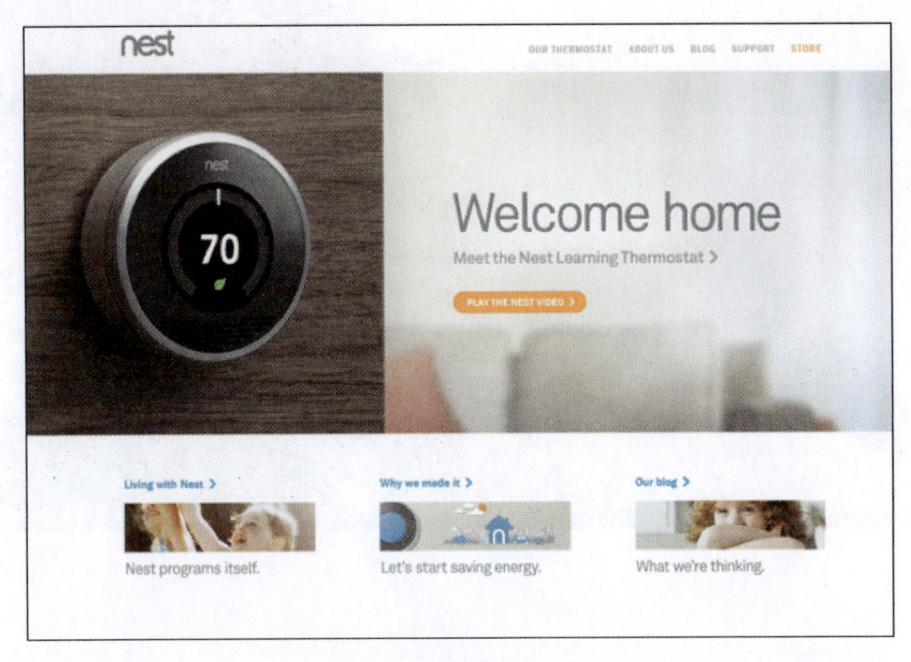

图 2-18

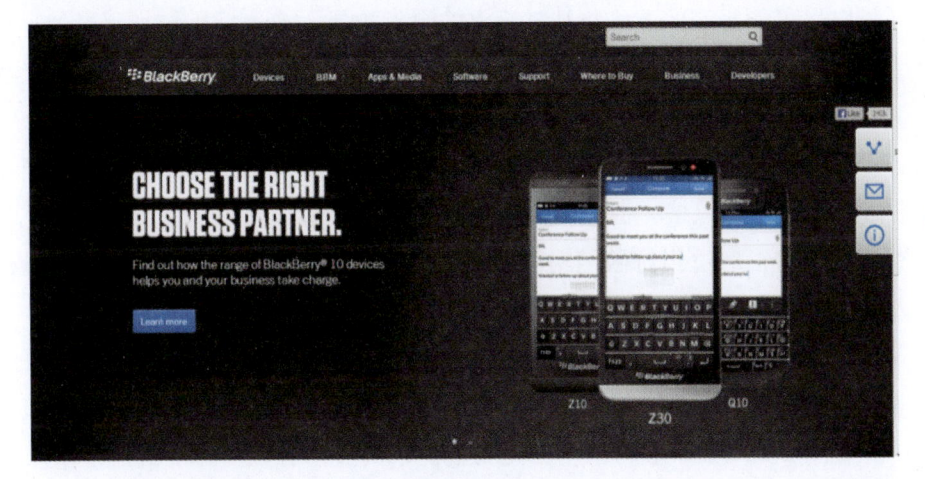

图 2-19

图 2-20

图 2-21

2.1.5 对齐

对齐指以尽可能协调的方式将视觉元素的自然边界（或边框）排列起来的过程。这常常会用到网格，网格构成作为行之有效的版面设计形式法则之一，将构成主义和秩序的概念引入设计中，使所有的设计元素之间的协调统一成为可能。

对齐设计在实际运用中特别强调比例感、秩序感、整体感和严密感，创造出一种简洁朴实的版面艺术表现风格，但过度使用也会给版面带来呆板的负面影响。因此设计者在运用对齐设计时，应适当打破网格的约束，也可以用更微妙的对齐方式来实现统一，达到令人满意的目的，使画面更生动活泼，更有趣味性。

glossy rey 网站首页采用了矩形图片和色块对比的方式，并使用了绝对对齐的方式，将不同的信息元素统一在相同的组合方式中，使画面层次丰富的同时将导航链接直观地呈现给用户（图 2-22）。如果网站内容比较丰富，网页内容较多，对齐的手法就非常实用，可以将繁复的内容整理干净，方便用户使用（图 2-23、图 2-24）。有时候简单的文字对齐也可以营造独特的页面风格（图 2-25）。

2.1.6 节奏和韵律

运动中的事物都具有节奏和韵律的形式规律，节奏与韵律本来在音乐、舞蹈、诗歌及电影等具有时间形式的艺术中是通过视觉和听觉来表现的。节奏本身没有形象特征，只是表明事物在运动中的快慢、强弱以及间歇的节拍。节奏可以说是条理与反复的发展。它带有机械的秩序美，韵律是每个节拍间运动所表现的轨迹，它带有形象特征。

图 2-22

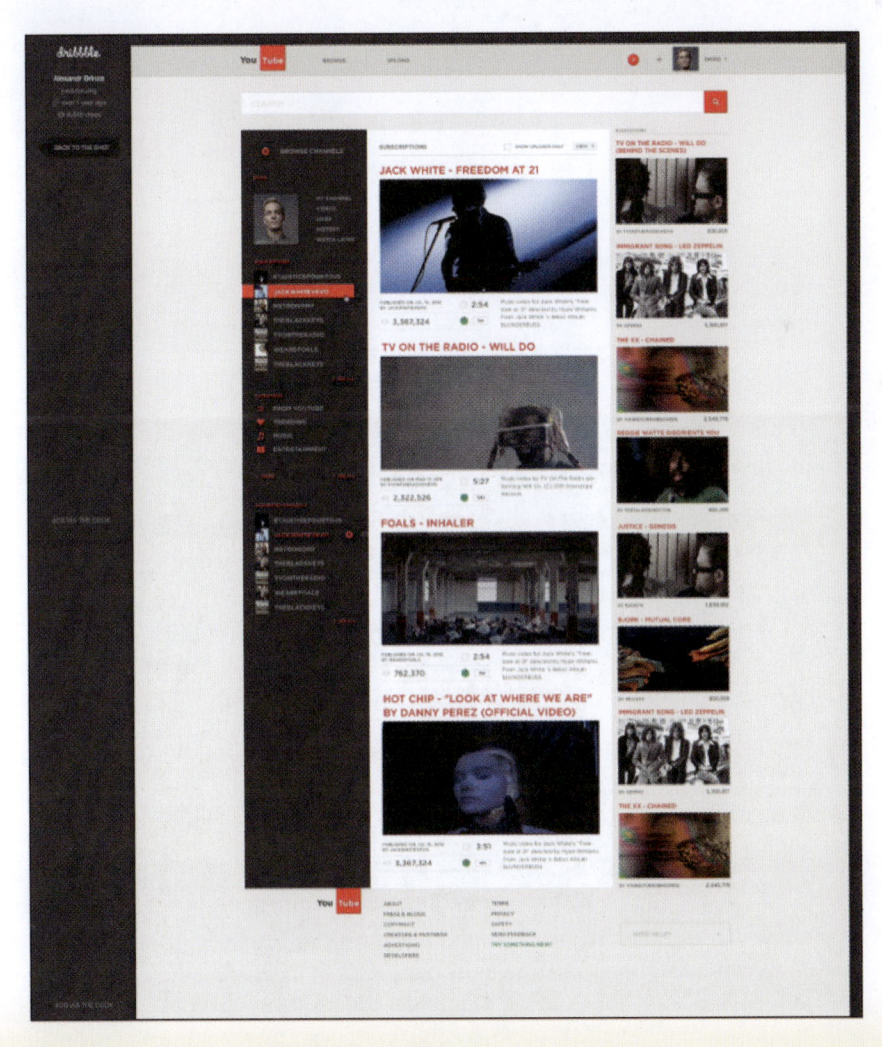

图 2-23

图 2-24

图 2-25

版式设计需要节奏感和韵律感，节奏形式的运用是版式设计的必要手法，韵律的形式运用得合理，可以取得不错的视觉效果。在具体的网页设计应用中，版面的结构设计就经常会遇到这个问题，优秀的版面设计富有音乐般的美感，同时实用性丝毫未减，这不仅需要从形状上，而且要从整体的色彩、大小、明暗等综合方面入手（图2-26、图2-27）。

图 2-26

图 2-27

2.1.7 简约

简约设计历来都是最可行、最受欢迎的网站设计方法，这种风格不但能提供最实用的设计，而且永远不会过时。以这种风格设计的网站也非常易于创建和维护。但简约设计实现起来并不容易，需要在细节上煞费苦心，在微妙之处独具慧眼，因为"简约"并不意味着"简单"。

图 2-28 所示页面采用极为简洁的页面设计，加上一些交互式动作，使网站富有一定的动感；设计师将最需要说明的网站主题采用言简意赅的话语标注在页面中心位置，主题突出、视觉中心明确，方便用户使用的同时也试图给用户留下深刻印象（图 2-28~图 2-30）。

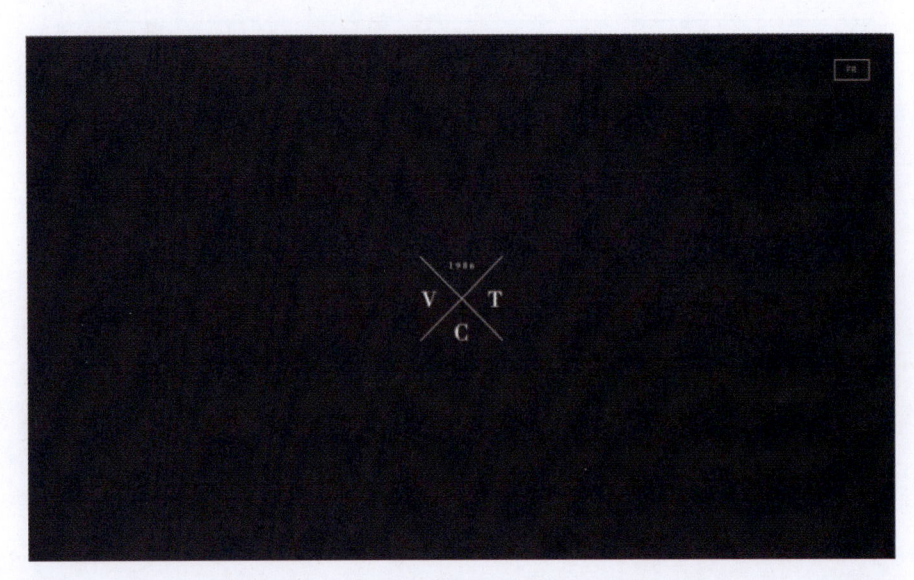

图 2-28

图 2-29

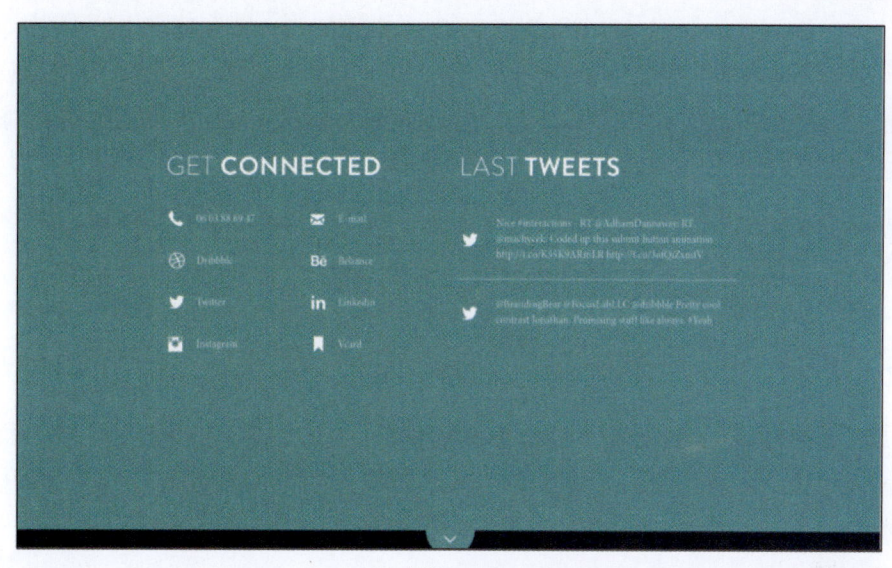

图 2-30

版式设计的简约手法讲究"少即是多",简洁的图形、醒目的文字、宽大的色块会给人以悦目、舒适以及美的享受,令人百看不厌、回味无穷。所以需要认真研究版式设计中的构成法则,避免做过多的、繁复的装饰。网页设计并非要把整个页面塞满了才能体现信息的丰富性,只要合理地安排信息内容的位置,规划页面的布局,使页面达到基本的视觉平衡,即使大面积留白,同样会使页面产生意想不到的视觉效果,不会让人感到内容空泛、信息量贫乏,而是会给用户留下广阔的思考空间。back beat media 网站只把最主要的导航放在主页上,配以简单图形和背景图,网站设计师认为只有这样的做法才可能成功吸引用户的视线(图 2-31)。

图 2-31

在生活节奏如此快速的互联网时代，随着追求目标的不断变化，人们的审美观念也不断地变化，但是作为形式美的法则是不变的，网页的版式设计也需要遵循相应的设计规则。任何问题都不是绝对的，在遵循这些基本法则的同时，设计者更需要有创新的意识，将这些基本的设计原则灵活运用，而避免成为规则的奴隶。"仅仅是遵循某种原则并不能确保成功，也就是说这并不是开启优秀设计之门的万能钥匙……这些原则一次又一次地激发了我优化自己的设计，并且使我了解了设计成败的关键。"

2.2 网页版面设计的基本方法

网页版面设计的功能是对视觉元素的内容整合，在此基础上将重要的信息元素高效、快速地传递给用户，所以无论是文字还是色彩、视频还是图像，都是网页内容信息的重要载体，所以在既定的版面结构中合理地规划、构建这些视觉元素和信息元素是非常必要的。

2.2.1 网页版面的视觉引导

在人们阅读时，视觉有一种自然的流动习惯，但是这种习惯又是可以被视觉元素影响的，如何科学地运用这种习惯，通过相应的设计手段来引导浏览者的视觉流程，是设计师的一个重要任务。视觉流程的形成是由人类的视觉特性所决定的，受生理结构限制，人的双眼只能产生一个焦点，不能同时把视线停留在两处或更多地方，只能依照一定的视觉顺序浏览观察对象（图 2-32）。

浏览网页虽然是一个动态的视觉流程，但是在平面设计中的很多规律同样适用于网页设计。一般来说，人们的观看顺序习惯从左向右、从上向下，所以一个空白的网页给人们带来的自然视觉流程是从左上方到右下方的一条弧形曲线。在这条弧形曲线上，视觉优势从上到下递减（图 2-33）。

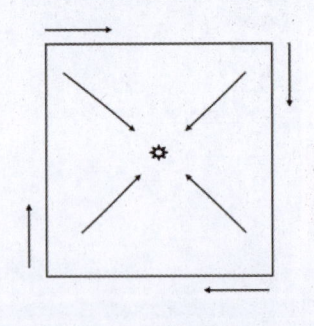

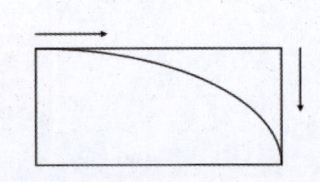

图 2-32 基本视觉流程　　图 2-33 观看网页的自然视觉流程

通过视觉流程的分析，有助于我们合理地设置网页中视觉元素的位置并合理分区。例如，网站 logo 一般被放置在被称为"网眼"的左上角——视觉优势区域，而在网页

banner广告中，页眉广告也比页脚广告效果好。

视觉流程不是固定不变的公式，只要符合人们认知过程的心理顺序和思维的逻辑顺序，就可以灵活多变地运用。通过各种巧妙的编排手段改变视觉流向，例如，水平线让视觉左右流动，垂直线让视觉上下流动，斜线则可以产生不稳定的流动。

2.2.2 页面内容

文字、图片、符号、多媒体等的相互作用能够建立起一个整体的结构信息，构成网页的内容要素。为了方便用户浏览，网页设计者必须将信息按主次分类，通过秩序化、条理化构成一个整体的网页形式，然后在此基础上进行网页版面的划分，以突出网页信息的内容要点。因此，网页的内容构成要素要遵循以下几个基本原则。

（1）网页内容的精心组织。

和任何的设计一样，网页中的信息内容也需要经过精心地组织梳理，才能确保网页信息内容的有效传递。所有的网页应当保持统一的主题或样式，这样可以将设计统一起来，任何的杂乱无章都会影响用户对网页的接受度。

（2）网页正文格式的精心设计。

网页版面的基本结构确定之后，作为内容的重要组成部分，正文的设计必须认真推敲，这是网页内容信息的主体。正文的内容模块应当作为设计的中心和焦点，这非常重要，因为这样用户才能快速高效地在页面上找到所需要的信息。

（3）网页中的文字要准确无误。

作为信息传递的基本载体，文字必须准确无误，没有错别字、拼写错误等现象。这是任何传播媒介都必须遵守的基本原则。

（4）注重网页的对比度和可读性。

再富有创意的设计，也不能忽视网页信息的对比度和可读度。这可以通过对比和强调等手法来实现。

（5）为网页适当插入图片、图标和图形。

图片、图标和图形可以使页面更活泼，更富有趣味性，它们比文字更容易让用户接受，可识度较高，所以在网页设计中，图片、图标和图形占据了相当大的比重。但是也要注意，在单个网页中切忌图片过多，以免喧宾夺主。

（6）为网页适当添加多媒体元素。

多媒体元素包括声音、动画、视频片段、音乐背景等，它们在网页设计中的作用类似于图像，甚至比图像传播信息的途径更直观，受欢迎度更高。但是单张网页中的多媒体元素要做到主次分明、条理清晰，切忌滥用多媒体元素。

2.2.3 视觉元素

视觉元素指构成视觉对象的空间、形态、肌理、光色等基本单位，是视觉对象的外观表象。视觉元素是组成信息的不同单元，设计师将视觉元素排列组合成有含义的视觉形象，放在载体上进行信息的传达。最基本的视觉元素是点、线、面。它们不仅是概念中的元素，更是通过不同的设计手法出现在不同传播载体之上的具有形状的视觉信息元素。转换为视觉元素之后的点、线、面具有不同的形态。

点、线、面和色彩的组合运用构成了网页的形态要素。页面的装饰是各部分视觉要素在页面内进行规划的结果，网页的整体结构是基于装饰要素对立或平衡而形成的。加强网页界面的视觉冲击力的常用手段是在冲突或矛盾中求得统一的视觉效果。

页面的装饰是将视觉元素进行相互配合，显示出视觉差异。它体现在各种视觉元素的形态、对比、协调等关系中。在这个过程中，需要注意以下几点。

（1）网页中的按钮和导航工具清晰。

这是用户方便快捷地浏览信息的基本指南，就像地图一样，必须清晰无误。

（2）网页的背景添加要适宜。

网页的背景不能鲜艳繁杂、喧宾夺主，否则会影响网页传达主要信息。

（3）网页的色彩搭配和谐恰当。

根据不同的网站主题，需要选择不同的色彩体系，这不仅和色彩的设计原则和方法有关，也和用户的心理、习俗、环境等各种因素有关。

（4）视觉元素大小适中，布局均衡合理。

适当运用对比和均衡的手法，保持页面中视觉元素之间的均衡，营造画面的稳定性和统一性。

（5）合理利用页面的空白

这里所说的空白和图形设计术语"空格"（或负向空间）是同一个概念，指一个没有文字或图示的页面视觉元素。在网页中保留适量的空白是非常有必要的，空白处可以引导用户的视觉流向，使页面设计富有生气，同时它还是构建画面平衡与统一的重要视觉元素。

2.3 网页的版面结构

对网页设计来说，网页的版面结构就像人体的骨骼一样，是支撑网页内容的坚实基础。网页的版面结构需要条理清晰，层次一目了然，这样才能让用户更便捷地浏览信息，理解网站想要传达的内容。因此，网页的版面结构划分要尽量地人性化，易于信息的传递。

网页的版面结构决定着网页的基本表现形式，网站版面的划分和不同的排列组合方式对网站内容的表现效果有不同的影响作用。一般来说，网页的版面结构分为规则的组合方式和不规则的组合方式。

2.3.1 规则的组合方式

1. 上下结构

上下结构是一种常见的结构划分方式，如果网站内容不多，很适合这种方式，如一些小型网站就比较适合使用这样的框架结构，通常是把企业标志、宣传广告通栏和导航放在页面上方，网站正文、图片、表格等内容放在页面下方。这种方式既可以在所有页面上使用，也可以仅在首页使用，而二、三级页面使用其他的版面结构（图2-34、图2-35）。

图 2-34

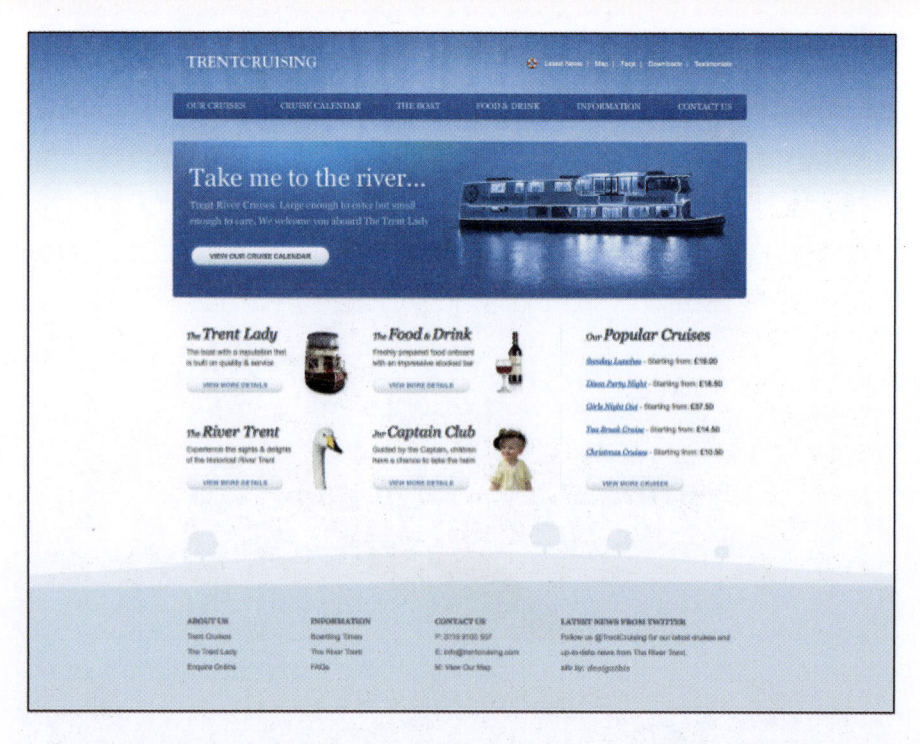

图 2-35

如果网页需要有大量的导航，可以将页头和导航等内容放在页面的上方，而下方则分为三栏，左右两侧放次级导航，中间放正文，这就是所谓的"三栏式结构"。这种构图方式需要留有适当的空白来保持页面的空间布局（图2-36、图2-37）。

2. 左右结构

左右结构也适合内容较少的网站，一般是把导航放置在页面的左侧，正文、图片等内容放置在右侧（图2-38、图2-39）。左侧导航栏的格式属于传统模式，所以也是一种非常安全的设计方式。也有少数网站把导航、广告及下级的内容放在页面的右侧，而把页面的正文放在页面的左侧，企业标志、徽章等图像则通常出现在页面的最上方（图2-40~图2-43）。究竟采取哪种排列方式，需要根据网页中的信息量和信息类型来决定。

3. 上左中右结构

上左中右结构适合信息量较大的网站。这类网站一般除了页面的上方放置主导航之外，页面的左右两侧也会有分布的导航，中间位置放正文。主导航还会有数量众多的二级导航（图2-44）。

4. 综合结构

综合结构适合信息量巨大的网站。由于这种网站信息分类详细、内容繁杂，网页的结构通常会根据需要划分成若干区域，每个区域都可能会出现不同的结构。一般门户类网站的功能模块较多、信息量大，很适合这种结构（图2-45）。

图 2-36

图 2-37

图 2-38

图 2-39

图 2-40

图 2-41

图 2-42

图 2-43

第 2 章　网页的版面设计　39

图　2-44

图　2-45

2.3.2 不规则的组合方式

不规则的组合方式结构比较自由随意，表现手法灵活多样，画面的视觉冲击力较强，设计者往往会在网站的创意、视觉表现上花费心思。一般网页信息量少、强调个性表现的网站喜欢这样的方式，通常在网站的导入页或首页中使用，有时也会出现在二级页面甚至三级页面中。如鼹鼠乐乐的网站首页就采取了不规则的构图方式，整个页面以黑色为背景，中间以鼹鼠洞为主体并设置导航链接。页面的构图方式稳中不失活泼，很好地体现了网站的主题风格（图2-46）。还有的网站是在网页顶部设置了传统的导航栏，页面的主要部分则采用字体化的方式设计了不规则的导航链接，结合交互式响应链接方式，为网页增加设计感的同时保持了动感，功能性也更加突出（图2-47）。

图 2-46

图 2-47

2.4 网页版面的基本类型

了解网页版面的一些基本类型有助于在设计中有的放矢，还可以从成功作品中汲取优秀的设计经验。根据不同的划分依据，网页版面的类型也不同，本书以网页版面的骨格形式，将网页划分为轴形、线形、焦点形、格形和框形。

1. 轴形

轴形结构是沿网页的中轴将图片或文字内容做水平或垂直方向的排列。不同的排列方式给人不同的感觉，水平排列的页面给人以稳定、平静、含蓄的感觉（图2-48、图2-49），垂直排列则给人以速度感和重量感（图2-50、图2-51）。两种排列方式结合，可以形成清晰、节奏感强烈的画面效果。

图 2-48

图 2-49

图 2-50

图 2-51

2. 线形

　　线形结构是通过水平或垂直的线形分割，将视觉内容在网页上有序或无序地排列组合。这种结构具有强烈的秩序感、速度感和韵律感，线形的版面要注意画面中各元素的大小、位置、均衡等关系。outdated browser 是一个帮助互联网用户获取浏览器最新版本下载地址的站点，网站的首页采用了垂直线形分割的方式将页面分为五部分，每部分放一个常用的浏览器下载链接供用户下载，这种排列便于用户选择，页面的设计也简洁明快（图 2-52）。也有网站采用水平线形分割的方式划分页面，可以是等距分割的方式，给页面营造了安静的秩序感（图 2-53）；或者是不规则的水平分割方式，页面的主题突出，视觉元素主次分明（图 2-54）。除了垂直或水平的线形结构，还有水平和垂直线形的组合结构，这样的设计营造了画面的韵律感和速度感，画面形式感更活泼（图 2-55）。

图 2-52

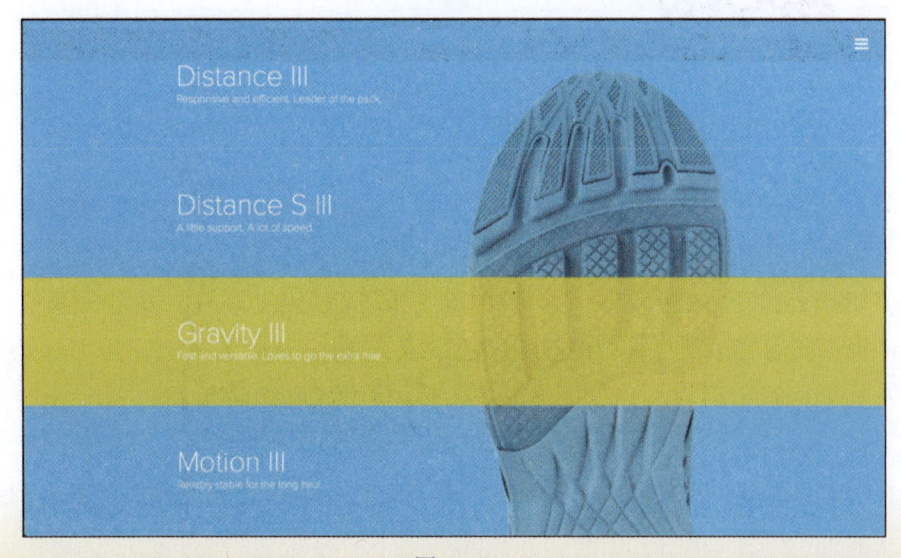

图 2-53

图 2-54

图 2-55

3. 焦点形

焦点形结构通过对视线的诱导，使画面具有强烈的视觉聚集效果，这种结构可以将用户的注意力吸引到页面中包含重要信息的位置。

焦点形版面包括中心式焦点、向心式焦点和离心式焦点三类。中心式焦点是将对比强烈的视觉元素置于网页版面的视觉中心（图 2-56）；向心式焦点是用视觉元素引导用户的视线向网页版面的中心聚拢，形成一种向心的视觉引导，是一种集中的、稳定的视觉表现方法（图 2-57）；离心式焦点用视觉元素引导用户视线向外辐射，形成一种离心的视觉引导，是一种外向的、活泼的、更具时代感的视觉表现方法（图 2-58）。

图 2-56

图 2-57

图 2-58

4. 格形

格形结构是网页版面设计中的常见类型，类似于传统报刊的分栏，将二维的页面划分为若干区域，这些区域成为组织视觉元素的基本框架，从整体的秩序关系中创建网页的版面秩序（图2-59）。格形可以是可见的和不可见的，也可以是规整的形状和异形的形状，最终目的是将不同的视觉元素用一种更适合观看的方式组合构成（图2-60）。

格形结构的网页版面给人以和谐、理性、秩序的美感，设计者在使用时可以灵活变化，使页面内容条理清晰，风格丰富活泼（图2-61）。

5. 框形

框形结构的网页版面给人以稳定感、严谨感和理性感。为了避免画面的呆板，一般网页设计中会采用不对称的手法来使用框形。图2-62所示的页面采用了不规则的框形结构，画面风格严谨中不失动感。而newton running网站首页则是力求在不规则的框形结构中寻求一种稳定的秩序（图2-63）。mobee网站首页和volvo trucks网站首页采用了水平框架的构图方式，画面结构平稳且具有秩序感（图2-64、图2-65）。

图 2-59

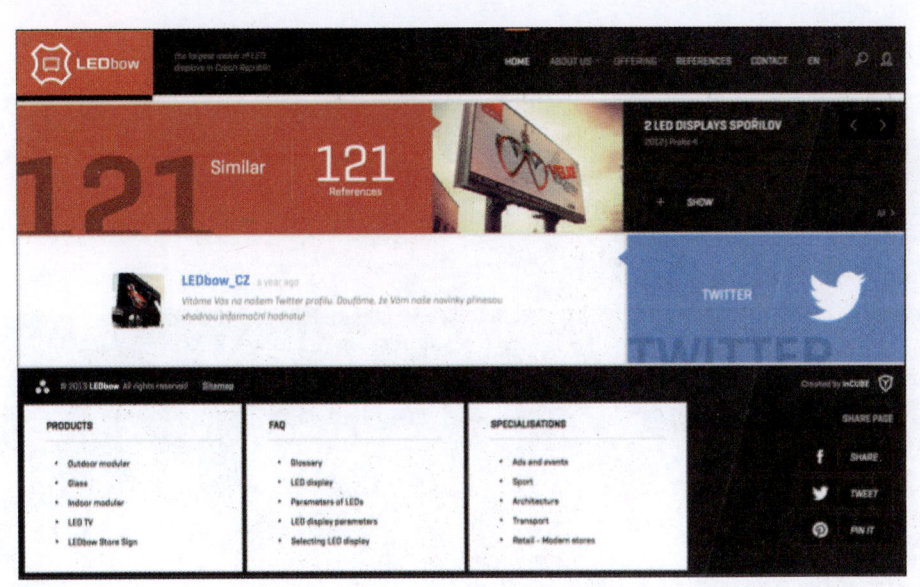

图 2-60

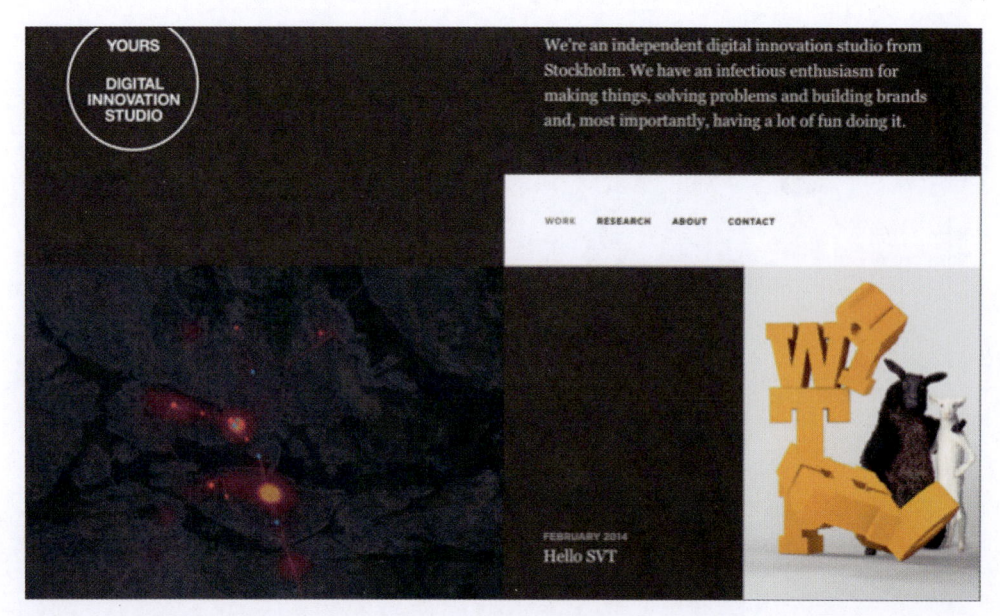

图 2-61

图 2-62

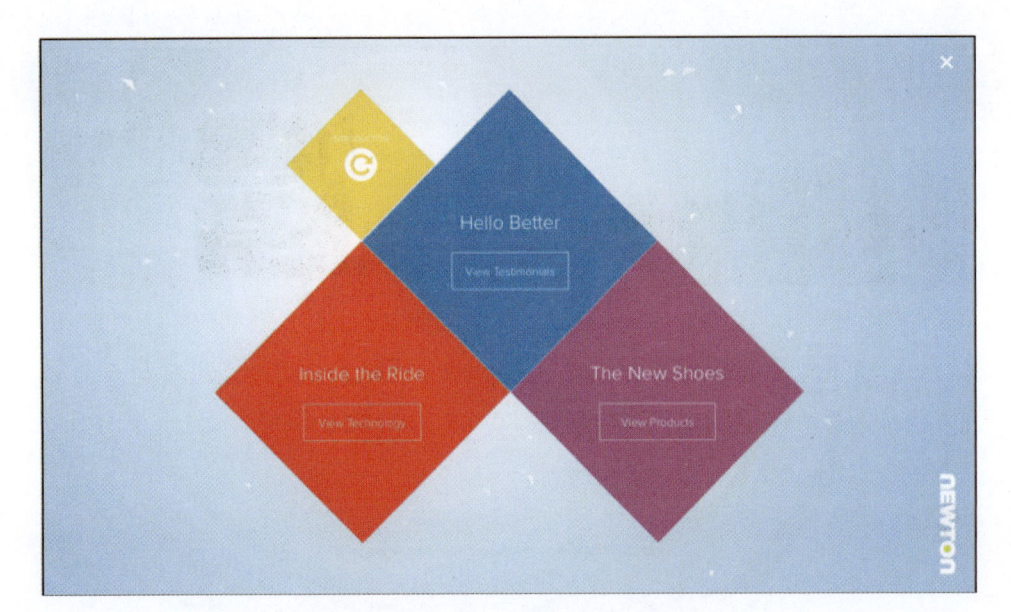

图 2-63

图 2-64

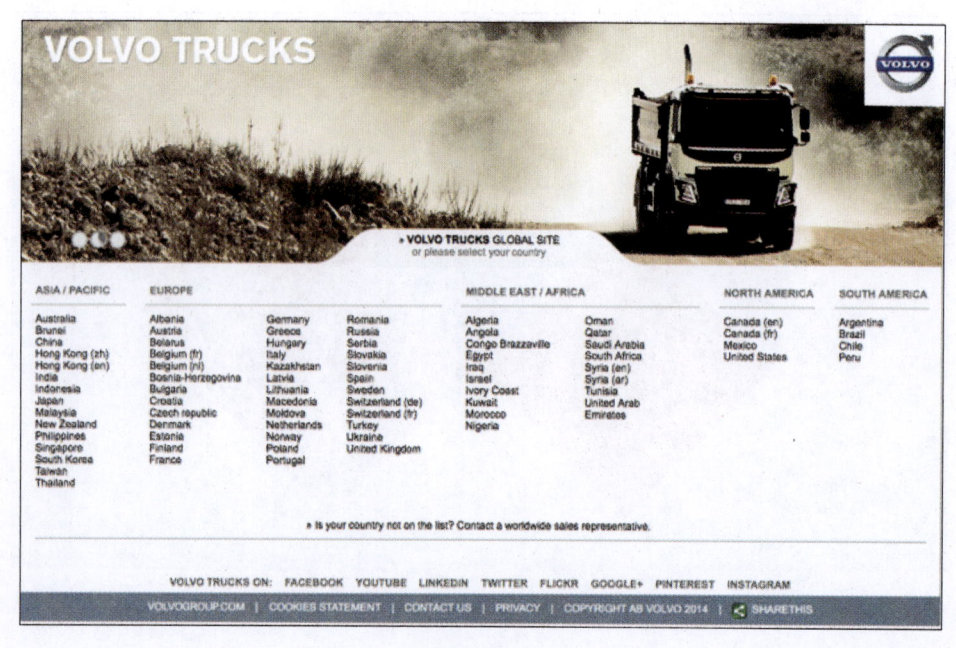

图 2-65

第 3 章 文字的编排与设计

视频讲解

作为信息传递的载体，文字是网页中最基本也是最重要的组成元素，占据相当的比重，因此文字编排和设计的好坏直接影响网页的质量。

文字不仅具有实现字意与语义的功能，还具有和图像、色彩一样的美学功能：网页中的文字通过个体的形态、整体的排列、颜色的组合等艺术手法，呈现出不同的艺术形态，在传递基本信息的同时也给用户带来了美妙的视觉体验。

3.1 网页文字的使用和编排

3.1.1 网页字体的使用

一般情况下，浏览器默认的中文标准字体是宋体，英文标准字体是 Times New Roman 字体。如果不更改设置，网页中的文字将以这两种标准字体显示，因为这两种字体在任何操作系统和浏览器中都可以正常显示。Windows 系统自带了 40 多种英文字体和 5 种中文字体，这些字体虽然在 Windows 系统下的浏览器中可以正常显示和使用，但是在 macOS 系统中却不行，一般的 Mac 机用户可以使用 100 多种字体。因此，为了正常显示网页字体，需要在选择字体时尽量使用网页安全（web-safe）字体，尤其是网页中包含多种字体的时候更应如此。

很多字体都可以划归到几个不同的字体家族中，而同一个家族内部的每种字体都代表着核心字体的不同变化。大多数字体家族都包括常规、斜体、粗体和斜体加粗等字形和字重。

虽然了解了字体和字体家族的分类和变化，并能从网络资源中找到相当丰富的字体资源，但是要想恰当地使用字体，还需要掌握一定的原则和方法，这是因为字体的使用不仅是技术问题，还包含强烈的艺术和情感因素。从某种意义上讲，字体没有用坏的，只能说选得不合适。

另外，在字体种类的选择上要注意量的控制。这么做不仅是为了保证网页信息的传递效率，也是为了保持页面的形式感和美感。字体种类太少，页面显得单调无趣；字体种类太多，页面信息杂乱无序。要根据网站的性质和主题选择风格协调的字体，并在适当的范围内选择相应的字体种类。

有些设计者喜欢使用特殊的字体，但是如果在终端上没有安装设计者使用的特殊字体，就可能达不到网页的显示效果。为了避免这种不确定的情况，最好将文字生成图像，插入页面中。但是这样做会延长网页的下载时间，需要根据具体情况来选择。

3.1.2　字号、字距和行距

网页中的字号大小可以用不同的单位来表示，如磅（point）或像素（pixel），以计算机的像素技术为基础的单位需要在打印时转换为磅，所以一般情况下建议文字采用磅为单位。

一般字号的默认值是12磅，也有很多综合类网站由于信息量较大，通常会采用9磅的字号。有些设计者为了吸引用户的注意力，加大字号也是很常见的一种方法。但是需要注意，无论是缩小字号还是加大字号，都要适可而止，因为要考虑用户浏览网页时的流畅性。

确定字号的大小之后，还要考虑字距和行距的变化对文本可读性的影响。可以通过调整CSS中的letter-spacing的属性来设置理想的文字间距，这被称为字体的间距跟踪，主要是调整字行之间的水平间距，即每个文字之间的间距。如果希望文字更加开放，给人一种宽敞的感觉，就可以适当增加文字之间的间距。

"行距"这个术语来自于印刷行业。适当的行距会形成一条明显的水平空白，可以有效地引导用户浏览信息的顺序。行距过宽会使一行文字失去较好的延续性；行距过窄会影响文字的可读性。一般情况下，接近字体尺寸的行距设置比较适合正文。行距常规比例为10∶12（字体10磅，行距12磅）。为了设计的需要，也可以适当加宽或压缩行距，来表现独特的页面效果。

行距可以用行高（line-height）属性来设置，建议以磅或默认行高的百分数为单位。例如（line-height：20pt）、（line-height：150%）。

3.1.3　文字的编排

一般页面默认的文字编排形式包括一端对齐、两端对齐和居中对齐。不同的对齐方式会给网页布局带来不同的视觉效果。

1. 一端对齐

一端对齐分为左对齐和右对齐，这两种对齐方式都能产生视觉节奏与韵律的形式美感。左、右对齐方式使文字的行首或行尾自然形成一条清晰的垂直线，自然形成一种有松有紧、有虚有实的排列形式，使版面秩序显得既有条理又很自然。通常情况下，左对齐符合人们的阅读习惯，而右对齐则可改变人们的阅读习惯（图3-1）。

图 3-1

2. 两端对齐

两端对齐方式是文字从左端到右端两端绝对对齐，形成一个方方正正的轮廓，使页面显得端正、严谨、美观（图3-2、图3-3）。但是这种文字编排方式容易与图片混排，还要把握编排使用的度，否则也会使页面显得呆板、不生动。

图 3-2

图 3-3

3. 居中对齐

居中对齐方式是以某个视觉中心为轴线进行文字排列，使文字更加突出，页面更为活泼生动，产生对称的形式美感（图3-4）。使用居中对齐的编排方式时要注意保持页面的整体秩序。

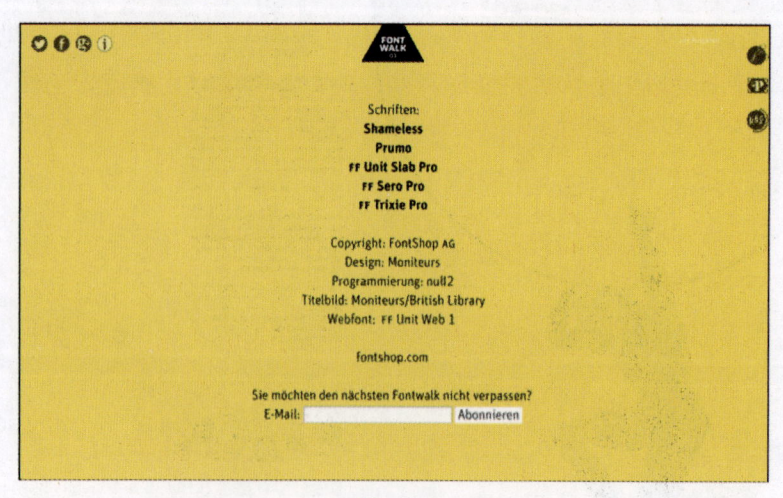

图 3-4

3.2 网页文字设计的基本原则和方法

文字作为形象要素之一，在网页设计中除了表意之外，还和图像、色彩、多媒体等元素一样具有形式美感，具有传达感情的功能，能给人以美好印象，获得良好的心理反应。所以在传递基本语义信息的同时，文字还可以作为一种设计元素。这种功能在 will-harris 网站得到了很好的体现，图形化的字体构成了网站首页的主体，辅以说明性的文字，形成富有节奏感的大小对比（图 3-5）。

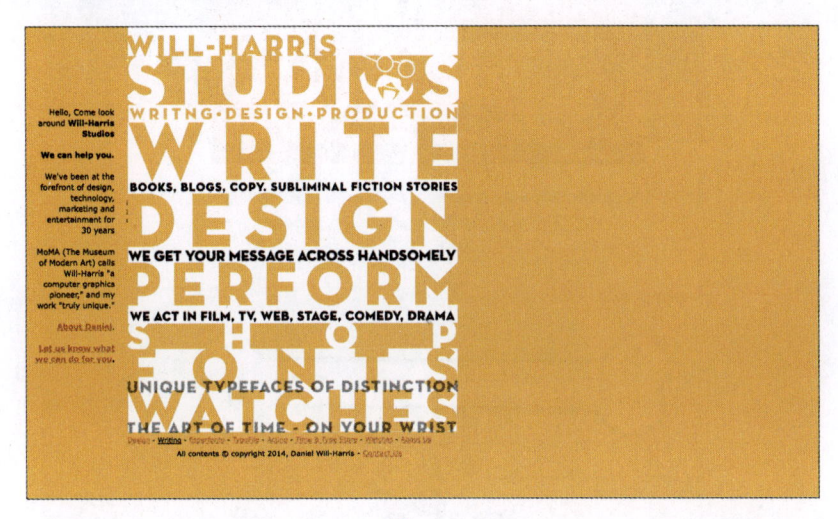

图 3-5

3.2.1 文字设计的基本原则

1. 形式和功能要并重

网页文字的基本功能是传递信息，要实现这个基本功能，设计者必须考虑文字的易读性和可识别性，避免过于强调文字的形式感和追求夸张新颖的艺术视觉感，从而影响用户对文字内容本身的阅读和理解。因此，文字的编排和设计要减去不必要的装饰和变化，确保网页用户易认、易懂、易读，避免为追求形式感而忽视传递信息这个基本功能。

2. 形式和内容要统一

网页文字的设计风格要和网页信息内容的性质及特点吻合，不能相互脱离，更不能相互冲突。如政府网站的文字使用应具有庄重和规范的特质，字型规整有序、简洁大方（图 3-6）；休闲旅游类网站的文字应具有欢快轻盈的风格，字型生动活泼、跳跃明快（图 3-7、图 3-8）；文化教育类网站的文字应具有一种严肃、端庄、典雅的风格（图 3-9、图 3-10）；企业类网站可根据行业性质、企业理念或产品特点，追求富有活力的字体风格（图 3-11、图 3-12）。

图 3-6

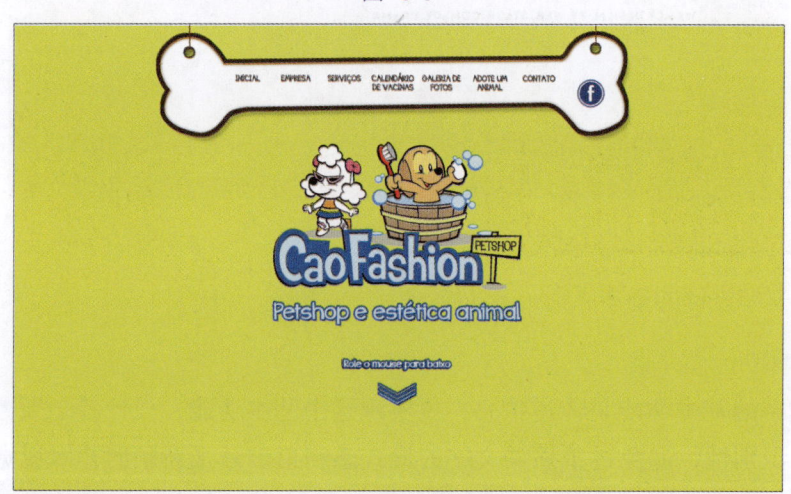

图 3-7

图 3-8

图 3-9

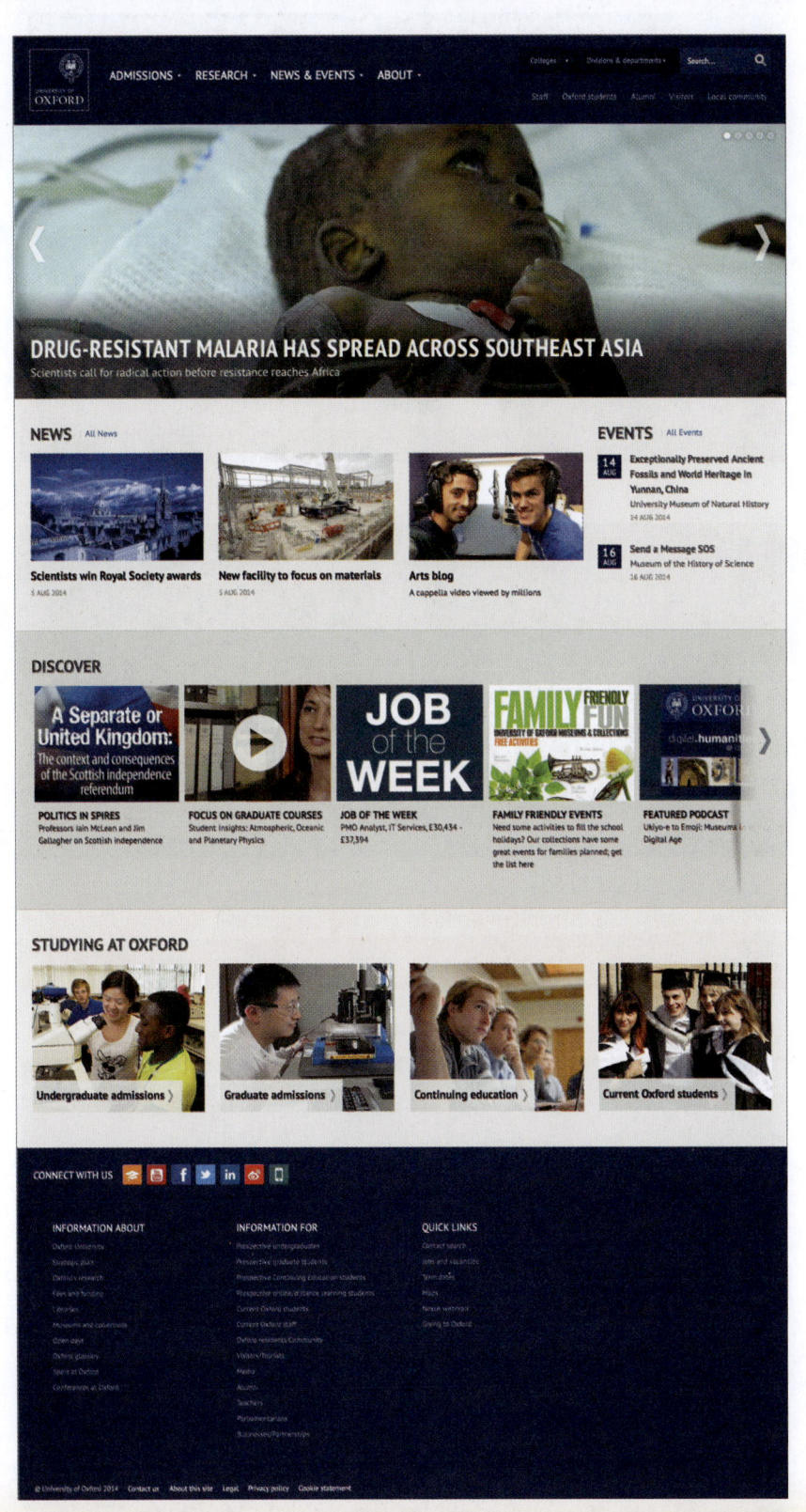

图 3-10

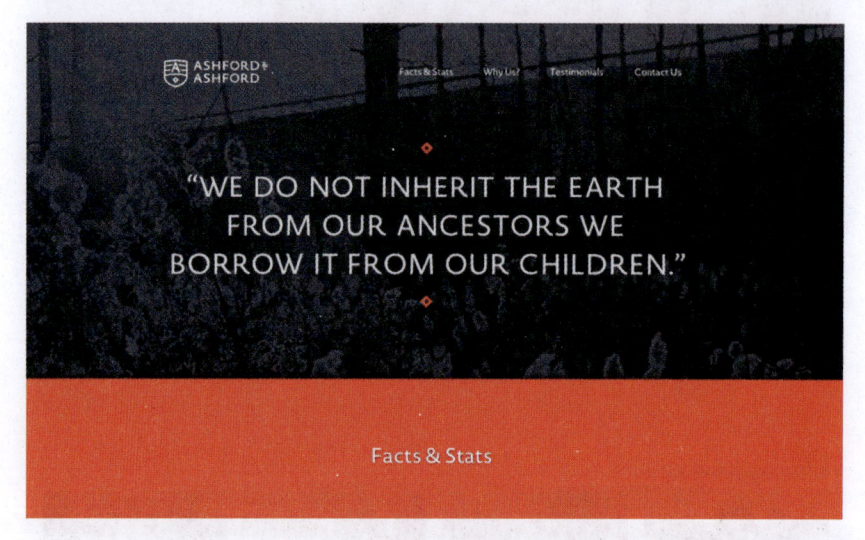

图 3-11

图 3-12

3. 字体的种类要精简

在网页文字设计中，由于计算机提供了大量可供选择的字体，使得字体的变化趋于多样化，这既为网页设计提供了方便，同时也对设计者的选择能力提出了考验。虽然可供选择的字体很多，但在同一网页上，选择哪几种字体还需要仔细斟酌。同一页面或同一网站选用过多的字体种类，只会让用户眼花缭乱，影响信息的传递。

bau-da 网站的页面设计具有相当的紧密性，但并不严肃呆板。采用经过特殊效果处理的文字，以确保最佳的位置，如相册封面的目录，其中的每个名字都是一个分离的导航图解，即使没有显示图片，也可以进行浏览（图 3-13、图 3-14）。

图 3-13

图 3-14

3.2.2 文字设计的方法

1. 字体的选择

网页设计者可以用字体更充分地体现设计中要表达的情感。字体选择是一种感性、直观的行为，如粗壮字体强壮有力，有男性特征，适合机械、建筑业等内容（图 3-15、

图 3-16）；细字体高雅精致，有女性特征，更适合服装、化妆品、食品等行业的内容（图 3-17、图 3-18）。

在同一页面中，如果字体种类少，则界面给人以雅致、稳定感；如果字体种类多，则界面活跃、丰富多彩。具体选择什么字体，要依据网页总体设想和用户的需要来确定。

图 3-15

图 3-16

图 3-17

图 3-18

2. 文字的图形化

文字的图形化是指设计者将记号性的文字作为图形元素来处理，既强化了文字原有的基本功能，又突出了它的美学效应。无论文字以何种方式进行图形化，都应以如何更出色地实现自己的设计目标为最终目的，将文字图形化、意象化，以更富有创意的形式表达出深层次的设计思想，打破网页原有的平淡和单调，给用户带来全新的视觉和感情体验。

a.kitchen 网站的首页全部以网站的名称作为页面视觉元素的主题，各种不同字体的变形大小错落有致地排满了整张页面，在页面的中央位置以点睛之笔插入了进入按钮，这样的设计非常别致（图3-19）。javier guzman 网站首页也是将网站名称完全图形化，和前者不同的是，该网站更强调简约设计，整张页面只有导航、网站名称和一幅图像，画面干净整洁、主题突出，高明度的色彩更好地烘托了网站的氛围（图3-20）。同样的设计手法也体现在 dela banda 网站首页中，并且更趋向简约，只保留了一个动态视频作为网页背景，图形化的网站名称放置在页面中央部位，用户不需要做任何思考就可以直接获取网站最重要的信息进入网站（图3-21）。而 bamstrategy 网站首页则是将网站的导航信息文字做了图形化的设计（图3-22）。

图 3-19

图 3-20

图 3-21

图 3-22

3. 文字的颜色

在网页中使用不同颜色的文字可以突出要强调的部分，尤其是一些有链接功能的文字，设计者趋向使用不同于环境文字的颜色来突出显示其不同的特性和形式感。需要明确的是，这样的做法确实起到了一定的强调作用，但是要避免过度使用颜色，因为过度的强调反而不会起到强调的作用，而且过度使用文字链接颜色很可能会影响用户浏览网页的速度。

另外，文字颜色的使用上还要注意和背景色的区别，要以不影响用户阅读为基本原则，所以文字的颜色尽量不要使用明度较高或者饱和度较低的色彩。

  I am Jamie 网站首页中的内容几乎全部由文字组成，在纯色的背景下，大部分的文字色彩使用了同类色和邻近色，这样的做法非常安全，即使在内容丰富的页面上也不会因为色彩而影响用户获取信息的速度。网站的导航链接使用了纯度较高的不同色彩，这样的点睛之笔使用得非常成功（图 3-23）。相比较而言 ryan keiser 网站和 accept joel 网站的首页是在背景内容非常丰富的情况下，采用了黑白两种安全色来突出显示网页文字，使得页面的统一性达到了很好的效果（图 3-24、图 3-25）。

图 3-23

图 3-24

图 3-25

第 4 章
图像的处理

视频讲解

图像能使页面的意境发生变化，影响用户的关注度，进而影响网页信息的传递效果。所以除了文本之外，网页上最重要的设计元素就是图像了。一方面，图像本身是传达信息的重要手段之一，与文字相比，它更直观、生动，可以直观地把那些文字无法表达的信息表达出来；另一方面，图像的应用使页面更加美观、生动，使用户更易于获取和理解网页信息。下面从五方面来分析图像在网页中的作用和使用的基本规则和方法。

4.1 图像的规格

4.1.1 图像的使用规则

图像的形态、大小和数量都与网页的整体规划有非常密切的联系。一般而言，大幅图像比较容易形成页面的视觉焦点，而小幅图像则用来点缀页面，起着呼应页面主题的作用，如何合理地使用图像，对有效传递页面信息有着非常重要的作用。一般情况下，选择图片之前需要考虑以下六方面因素。

1. 图像的关联性

图像通常可以作为视觉诱饵吸引相当数量的网络用户，但是如果使用了不合适的图像，或者是图像采用了不合适的表现手法，都会对网站的信息传递造成负面的影响。

合理使用图像首先要考虑图像和网站的关联性，这里所说的关联性指所选的图像和网站的内容是否相关，是否可以很好地表现网站的主题。和主题相关的图像不仅可以增加设计的趣味性，还可以提高设计的识别性。图像可以提供一种视觉标签，帮助用户识别并记忆页面上的相关内容特征。例如，一所大学的主页采用了校园风景照片和学生生活照片相结合的方式，使用户对该网站的主题一目了然。同时，网页中相应的信息分栏也非常清晰，用户可以非常便捷地找到所需要的信息，这对提高网站信息传递效率是非常重要的（图 4-1）。

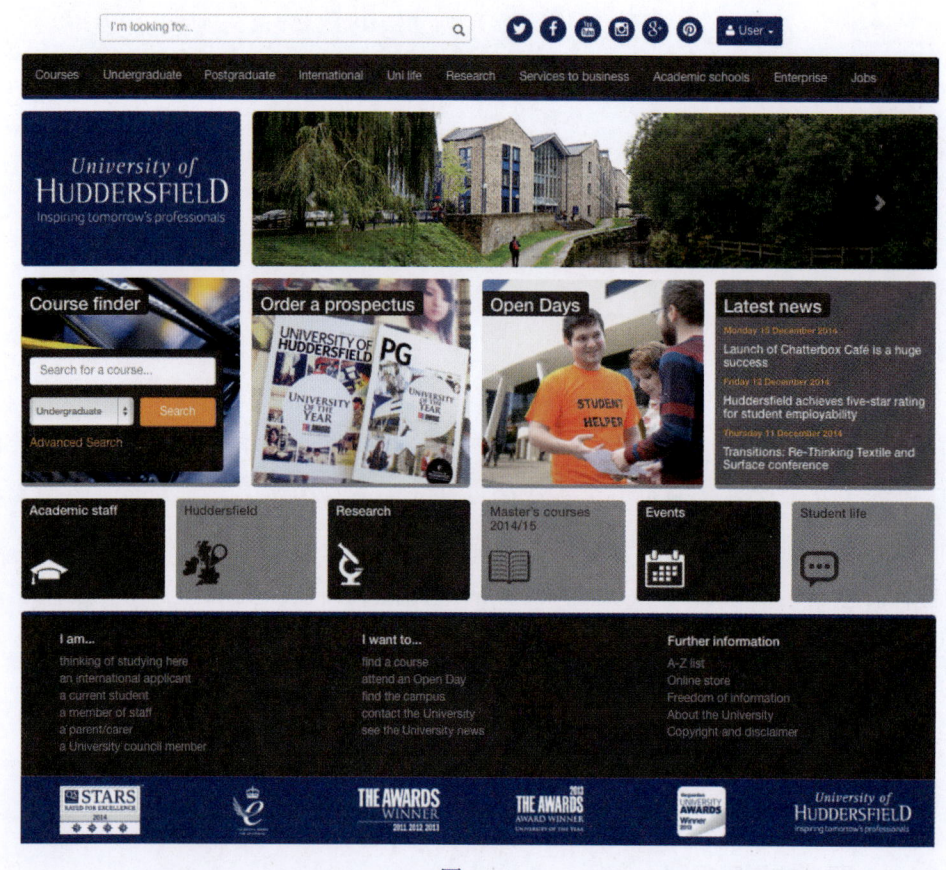

图　4-1

2. 图像的趣味性

网页上使用一些富有趣味性，能够吸引用户注意力并回味的图像，会为网页设计增色不少。计算机技术的发展和网页编程语言的更新为实现网页图像的趣味性提供了更多的可能（图 4-2、图 4-3）。

3. 图像的吸引力

如果网页上的图像在美感和情感上可以吸引用户，那么就达到了图像的情感和视觉完美统一的目的。当然，不同的用户对美和吸引力的解读也不同，所以要考虑图像的使用环境和用户的心理以及生理特征。

对于食品类网站，图像吸引人显得特别重要，如 natgeoeat 网站是以 EAT: the story of food 为主题，结合图片和声效讲述了每道食物从原料到成品的制作过程和环境，让用户真切感受食物的诱惑（图 4-4 ~ 图 4-6）。

Web 第4章 图像的处理 | 69

图 4-2

图 4-3

图 4-4

图 4-5

图 4-6

关联性、趣味性和吸引力是选用图像时要考虑的主观因素，需要在情感和艺术性上进行鉴别，同时还要关注一些客观因素，以提高网页用户的关注度。

4. 控制图像的数量

虽然目前网络环境及技术有较大改善，网络的传输速度也有很大的提高，但是相对而言，太多的图像仍然会降低网页的下载速度，这样会导致用户失去耐心而放弃浏览网站。所以应控制网页中图像的数量。

5. 控制图像的分辨率

为了提高网页的下载速度，图像编辑时要控制图像的分辨率。一般情况下，图像的分辨率设定为72dpi即可满足普通浏览；如果有特殊的需要，可适当提高图像分辨率，但要注意平衡网页下载速度和提高图像分辨率之间的关系。

6. 控制图像的尺寸

图像的尺寸应该提前在图像软件中设定好，否则浏览器只能通过重新绘制表格来容纳图像，这样会造成网页下载时间的增加。调整图片大小时不要尝试通过 HTML 来调整，否则图像不仅会细节模糊、边缘粗糙，还会延长下载时间，所以最好在图像处理软件中调整好再使用。

4.1.2 图像的格式

网页中通常使用的图像格式包括 GIF、JPEG、PNG、SVG、TIFF 和 BMP 等，其中最常用的是 GIF、JPEG 和 PNG，以及当前流行的 SVG 格式。选择合适的图像格式，可以在提供最小文件尺寸的同时还能确保图像的高质量。

1. GIF

图像交换格式（graphics interchange format，GIF）是一种位图图像格式。存储格式从 1 位到 8 位，是网页上使用最早、应用最广的图像格式，它可以在不改变图像颜色数量的基础上压缩文件。尽管 GIF 格式的压缩率非常高，但图像最多只能包含 256（2^8）色，所以对于有照片的页面就不能使用。当然，GIF 同样具有图像文件小、下载速度快等优点，可用许多具有同样大小的图像文件组合成动画。在 GIF 图像中还可制定透明区域，使图像具有特殊的显示效果。

2. JPEG

JPEG 是按 Joint Photographic Experts Group 压缩标准制定的图像压缩格式，专门用于存储照片式的图像。与 GIF 和 PNG 图像不同，JPEG 可以保存 24 位颜色的小尺寸图像，支持多达 2^{24} 种颜色，展现栩栩如生的画面。其压缩技术十分先进，可以用不同的压缩比对图像文件进行压缩，以最少的磁盘空间得到较好的图像质量。尽管 JPEG 图像理论上能显示 1677 万种颜色，但是压缩存储会损失图像质量，压缩比越高，图像质量损失越大，所以当要把某个图像保存为 JPG 文件时，还是需要仔细考虑它的压缩比。

3. PNG

PNG（便携式网络图像）是由 W3C（万维网联盟）开发的，作为对 GIF 的一种备用格式。PNG 算法的无损压缩风格和工作方式与 GIF 类似，在 PNG 文件中，颜色的数量要少一些，但是大小和 GIF 图像类似。PNG 图像可以保存成 8 位格式，也可以保存成 24 位格式，通过红色、绿色和蓝色通道边上的 Alpha 通道实现，这意味着 PNG 图像中的每个像素都可以有多达 256 种颜色深度。

4. SVG

可缩放矢量图像文件（scalable vector graphics，SVG）是一种基于 XML 的，专门针对用于在互联网上渲染二维图像的标准图像文件格式。

与前面介绍的图像文件不同，SVG 文件将图像存储为矢量数据，如果将前面提到的图像理解为是由像素组成的位图，SVG 就是基于数学公式的矢量图像，SVG 使用形状、数字和坐标在浏览器中呈现图像，可以避免分辨率的影响，因此优点非常突出，可以无限放大或缩小而不会降低其清晰度和图像质量。相反，格栅格式（如 GIF、JPG、PNG）在缩放时是像素化的，因而放大或缩小会影响清晰度。此外，SVG 文件通常要比位图文件更小，有助于加快页面的加载速度。

当然，因为 SVG 文件由几何数据生成，这类文件更适合存放比照片包含细节要少的图像，所以在扁平化风格的页面上应用非常广泛。其他的网页元素，如 logo、图标、图形、背景图、导航栏、动画、图表等，使用 SVG 格式也可以有更好的扩展性和清晰度，尤其适合有响应式需求的网页开发。

除了可以用 Adobe Illustrator 等传统的专业软件绘制 SVG，还可以用摹客 DT、Inkscape 等非主流但轻量化、便捷化的软件绘制，或者用代码直接绘制。所有类型的动画和交互都可以通过 CSS、JavaScript 代码内联到 SVG 图像中，一般使用文本处理工具即可打开 SVG 文件，工具平台选择更为广泛，修改调整完成后可以插入 HTML 网页并通过浏览器查看。

除了上述提到的文件大小和缩放优点，SVG 还具有可访问性的优点。不同于位图的封闭型文件，因为 SVG 文件是基于文本的，所以当它嵌入网页时，可以搜索和索引文件中的文本信息。

4.2 图像与风格主题

为了突出表现网站的主题，必须用特定的风格和表现手法来服务主题，所以风格和主题要相辅相成。网页的风格主要通过图像、色彩、字体等不同元素来体现，其中图像的作用非常重要。图像的风格表现手法可以有许多种，如手绘、仿古、肌理和材料、摄影图像、扁平化、拼贴等。

1. 手绘

在网页中加入一些手绘的图像元素，会使网页因独具特色而与众不同，在这个注意力持续时间几乎为零的数字世界里，任何别致的内容都能引人注目。另外，手绘图像还可以更自由、更主动地表现网站设计者的本来意图（图 4-7~ 图 4-9）。

图 4-7

图 4-8

图 4-9

2. 仿古

网页设计中仿古或怀旧的风格也是一种很常用的表现手法，设计者可以根据一些现有的图像和色彩，通过营造仿古的氛围来突出主题。这种经过岁月侵蚀的、有些磨损的外观，已经在印刷和网络世界中存在很久了，但是直到 2004 年才成为公众的焦点，卡梅隆·摩尔把这种有美感的设计赋予了一个可以代表一种趋势的、吸引人的名字——"磨损而恶劣的外观"。team fannypack 网站首页的设计就采用了这种仿古的手法，营造出一种粗糙、怀旧的风格，做旧的色彩以及报纸折叠的细节处理都为网站赋予了一种历史的厚重感（图 4-10）。

图 4-10

3. 肌理和材料

采用肌理图像对于营造网页的风格是非常值得推荐的方法。不同的肌理图像可以采用不同的材料来实现，如针织品、原木、纸质品等。feed stitch 网页上包含了一些针织品的元素，这样的做法使网页的外观颇具个性，突破了传统网站的数字性，使网站更具有质感，由于针织品特殊的质感使网站的界面看起来很舒适，容易赢得用户喜爱（图 4-11）。在一个家具网站的页面中，木质切面的纹理占据了大部分画面，很贴切地体现了网站的主题和想要传递的环保和人文关怀的理念，这样的设计方法使用户对产品的质量产生了很好的信任感（图 4-12）。

图 4-11

图 4-12

  victorinox watches 网站为了突出显示手表的高端品质和经久耐用的特点，采用了生锈的铁制品作为产品的背景，与手表精致的质感相比较，产生了强烈的视觉对比（图 4-13）。江诗丹顿的品牌网站则直接放大照片展示产品细节，突出了表面精密、规则的机械质感，很好地体现了产品的精致、理性、规则等特点（图 4-14）。

4. 摄影图像

  清晰写实的摄影图像在网页设计中应用最为普遍，因为人们生活在一个以物理构造为基础的世界里，所以很多的信息图像需要对应到客观世界，这就不难解释为什么清晰写实的图像会在网页和其他设计物中占据重要的位置，一些以商业交易类为主的网站更会大量使用实物图像（图 4-15）。

  摄影图像通常会委托专业摄影师制作，但也可以在图库网站中购买。在使用的过程中除了需要注意图片的大小规格和传播法规外，在设计上的考量尤为重要。图像可以影响到网页的版式、色彩和整体风格，在运用图像时，首先需要注意的是图像风格与网页定位的匹配度，包括图像的色调、大小、气质调性、处理方式、角度、方向；其次是图像与文字及其他内容的呼应关系，也可以理解为互文性关系；最后是要注意整个页面版式和使用阅读视域下图像与阅读节奏的匹配。

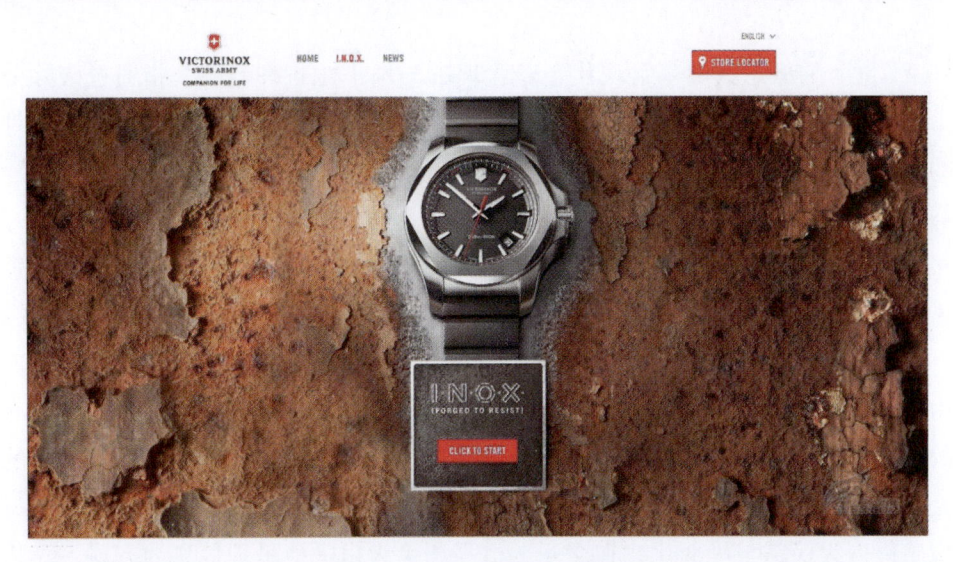

图 4-13

图 4-14

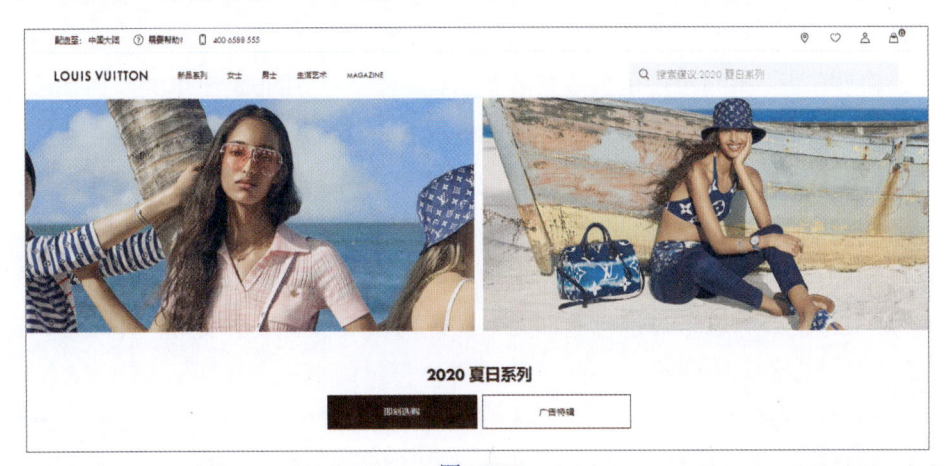

图 4-15

5. 扁平化

"扁平化"的概念其实来自现代企业管理中的扁平化管理制度，指通过破除公司自上而下的垂直结构来建立一种紧凑的横向组织，使组织达到灵活、敏捷，富有柔性和创造性的目的。

界面设计中的扁平化风格并不是横空出世，究其来源，可追溯至20世纪30至50年代的"瑞士风格"（Swiss style，其后发展为国际主义平面设计风格）和极简设计（minimalist design）。

在界面设计中，微软公司和苹果公司等科技巨头将扁平化设计推向广大用户，使其成为主流设计风格。当下，扁平化风格无论在网页界面还是系统应用界面中都有非常广泛的运用。与之前广泛流行的"拟物化设计"（skeuomorphism）相比，扁平化的图形图像处理风格在视觉设计上摈弃了透视、纹理、阴影、模拟实物质感等效果，造型、色彩、质感都更为简洁与平面化，在交互上也强调更为扁平地呈现信息的方式，简化了操作的层级结构，可以更为高效地引导用户使用。

6. 拼贴

拼贴方法及风格的形成早期脱胎于绘画艺术，至今仍有很多的艺术家将其作为一种主要的创作方法和手段。从早期人们熟知的毕加索、汉娜·霍克到当下的大卫·霍克尼等都有大量的拼贴风格作品（图4-16）。其中，汉娜·霍克一度将拼贴当作最主要的创作手段，这一富有传奇色彩的德国达达派女艺术家也以其拼贴作品《用餐刀切除德国最后的魏玛啤酒肚文化纪元》等闻名于世。

在界面设计的图像处理中，可以将拼贴风格看作上述诸多风格的杂糅处理，也可以将其理解为图像的蒙太奇手法。写实的、扁平的、像素的、手绘的等各种风格的图像，通过处理而融合成一幅图像，形成新的图像信息和风格语言，这种方式使得拼贴风格天然具有一种包容性和扩展性，对视觉设计师来说，几乎所有的图形图像素材都可以通过拼贴处理使用。

需要注意的是，拼贴风格虽然是各种素材的融合，但并非是简单的罗列和堆叠，仍然有一系列的设计准则可以追寻。简要归纳有如下几点：

（1）图像素材要与表达的主题内容匹配。网页中的图像信息首要的任务还是传达信息和语义，因此在素材的选择与搭配上要符合功能需求；

（2）处理好图像与色调。拼贴图像素材收集与运用也并非越多元越好，需要对图像的大小、层次、色调、风格等进行梳理，处理好构图及视觉层次关系，并对色调进行处理和调整，以符合整体的调性；

（3）调整和丰富细节。从页面的整体上审视图形图像的设计，不仅需要注意拼贴图像与上下文的关系，同时也要注意拼贴图像和文字之间的视觉关系。

图 4-16

4.3 统一与背景

4.3.1 图像的统一

网页中使用图像固然可以提升用户的关注度，但是使用过程中要注意"度"的把握。例如在每个页面中要控制好图像的使用数量、大小、风格以及位置等因素。

另外，由于现在网页设计手法的多样化，网页的呈现形式也多种多样，网页的整体形式一般都呈纵向，也有特意设计成横向的滚屏，其长度从一屏到几屏不等，这种形式的网页在设计过程中必须考虑网站的统一性，而不能将每个页面的图像风格割裂开来。要确保图像的完整性和延续性，寻找对比中的和谐，建立统一的视觉识别图像风格，使用户能得到完整、统一的视觉感受，所以在网页中必须处理好每屏图像与整个页面图像之间的从属和主次关系（图 4-17、图 4-18）。

图 4-17

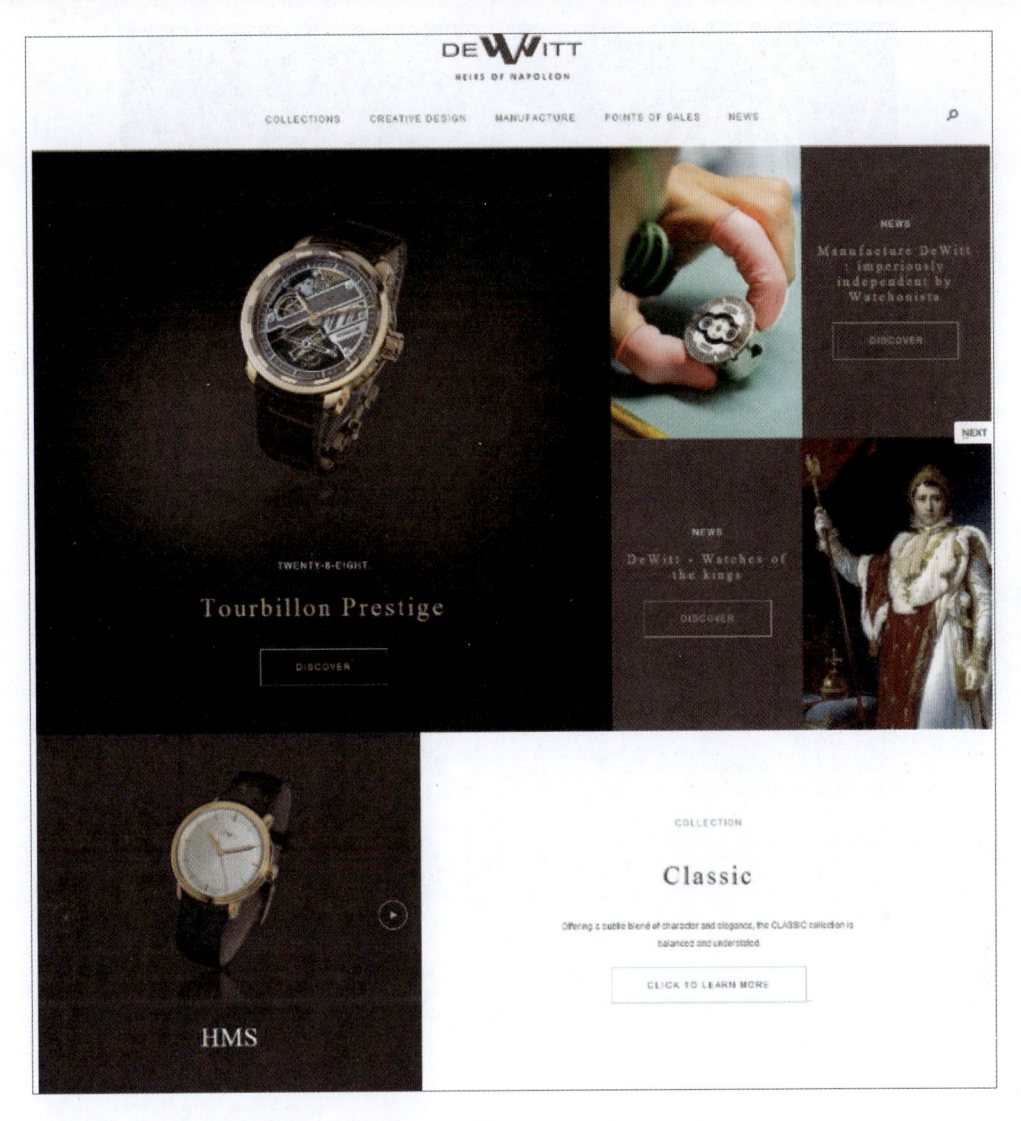

图 4-18

4.3.2 图像与背景

在网页设计中,图像与背景是对比和反衬的关系,应建立在和谐统一的基础上,使主要信息更加突出。一般情况下,应避免使用具有多种色调和复杂对比度的图案作为背景,例如一些太突出的斑点状、纹理状的图案等。通常情况下,设计师更愿意采用纯色和渐变色的图案作为背景来创造各种有趣的、富有创意的网页氛围。hankooktire 网站首页采用单色的轮胎花纹作为背景,暗示了网站的产品特性,在主题图像上则使用了明度较高的图像,突出了网站的主题(图 4-19)。当然,也有设计师更愿意以极简的风格来展示网站的主题,用简单的背景色加上简单的文字和图像就构成了网站的首页,用户可以一目了然地抓住网站的主题(图 4-20、图 4-21)。

图 4-19

图 4-20

图 4-21

第 4 章 图像的处理

如果将设计进一步推进，可以尝试让背景图成为主题内容的一部分，这样的创意可以将一些简单的视觉元素以复杂并富有成效的方式展现出来。solid 网站首页中的人物肖像既是背景又和主题文字相统一，担任着主题图像的作用（图 4-22）。peninsula 网站首页的设计则更为简单直接，首页背景是世界各地的 peninsula hotel 的图像，仅在图像上标注了一句体现地点的文字作为说明，这样的做法虽然极简，但是视觉效果仍然非常丰富，这是对图像既是背景又是主题的很好诠释（图 4-23 ～图 4-27）。

图 4-22

图 4-23

图 4-24

图 4-25

图 4-26

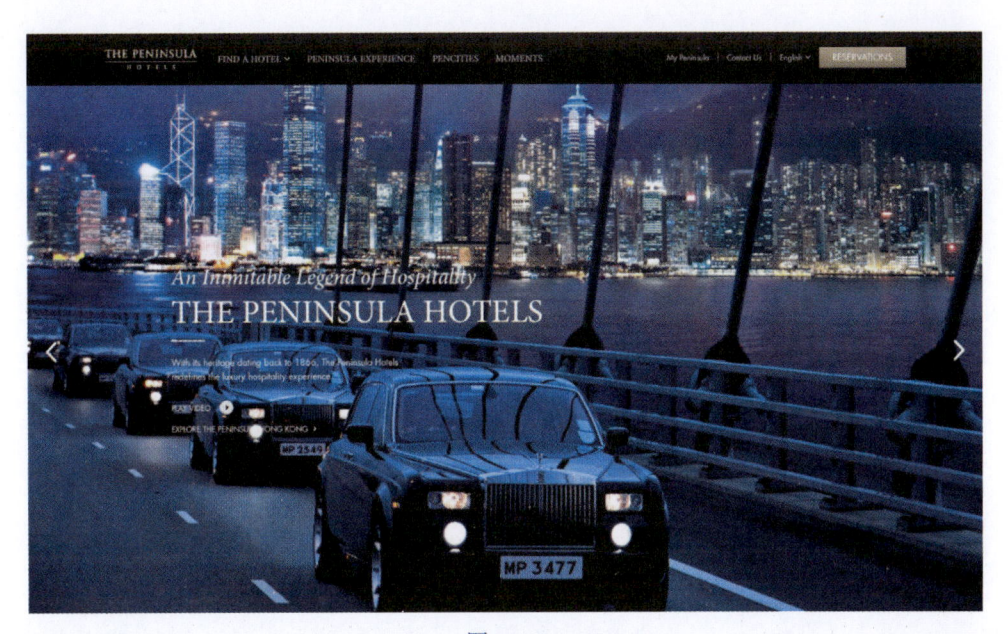

图 4-27

4.4 动态图像

相较于静止状态，动态图像更能抓人眼球，因而随着读屏时代的到来，动态图像已经越来越广泛地运用在包括网页界面在内的传播媒介中。动态图像在原理上由帧图像组成，在内容上可以包含更大的信息容量、在形式上更容易吸引用户的注意，在传播方式上也具有虚拟化、互动化、数字化等诸多网络传播的特点和优势。在网页的首页主图和各类横幅或标语的设计中，经常能看到动态图像的运用。随着5G技术的普及，越来越多的网站已经开始尝试运用动态影像来设计界面，旨在为用户带来沉浸式的体验。

动态图像的生成和创作方式有很多种，如 Animate、Premiere 等传统动态图像处理软件和专业剪辑软件，以及很多小众剪辑特效软件都可以实现，更不用说当下流行的 AIGC 生成技术。因此，在尽量控制图像规格和格式并优化其大小的前提下，更重要的是图像的设计和剪辑。虽然动态图像的优点很多，但也要避免为动而动，干扰信息层次的使用情况。再者，与传统意义上的影像设计不同，声音在网页界面的设计中虽然仍旧重要，但是当下更多的还是强调视觉效果，这也与网页的媒介载体有关。

第 5 章 网页色彩

视频讲解

网页色彩的使用范围涵盖了网页的背景、文字、图标、边框以及超链接等元素，合理的色彩搭配可以恰如其分地体现网站的主题和风格，进一步提升用户对网站的关注度，所以色彩在网页设计中的影响很大，甚至占据了不可或缺的地位。

5.1 网页色彩模式

5.1.1 网页安全色

网页安全色指 216 种颜色，其中彩色为 210 种，非彩色为 6 种。216 种安全色指在不同硬件环境、操作系统和浏览器中都能够正常显示的颜色集合，用网页安全色进行网页配色可以避免原有的颜色失真问题。

当浏览器显示一幅图像时，如果浏览器内置调色板中没有同样的颜色，系统就会利用浏览器内置调色板中与目标颜色最相近的颜色进行替换，对于超出网页安全色范围的颜色，则通过混合其他相近颜色模拟显示目标颜色，而此时的显示效果通常都比较模糊。网页安全色用于显示徽标或二维平面效果时是够用的，但是在实现高精度的真彩图像或照片时会有一定的欠缺，因此使用网页安全色的同时，也应结合使用非网页安全色。

5.1.2 网页色彩模式的分类

1. RGB

RGB 表示红色、绿色和蓝色，又称为三原色光。它是通过对三个颜色通道的变化以及它们之间的叠加来得到各种颜色的，RGB 即代表红、绿、蓝三个通道的颜色，这个标准几乎包括了人类视觉所能感知的所有颜色，是目前运用最广的颜色系统。

通常情况下，RGB 每种颜色的亮度有 256 个等级，用数字 0～255 表示。通过排列组合，256 级的 RGB 色彩总共能组合出 256^3=16777216 种色彩。通常被简称为 1600 万色或千万色。也称为 24（2^{24}）位色。

在许多图像软件中都提供色彩调配功能，输入三基色的数值可调配颜色的变化，也可直接根据软件提供的调色板来选择颜色。RGB 模式是显示器的物理色彩模式，这就意味着，无论在软件中使用何种色彩模式，只要是在显示器上显示的，图像就以 RGB 模式显示。

2. HSB

HSB 指色彩的色相（hue）、饱和度（saturation）和明度（brightness）。HSB 模式对应的媒介是人眼。饱和度高色彩较艳丽，饱和度低色彩接近灰色。明度高色彩明亮，明度低色彩暗淡，明度最高得到纯白，最低得到纯黑。一般浅色的饱和度较低而明度较高，深色的饱和度高而明度低。

（1）色相。在 0~360° 的标准色轮上，色相按位置度量。通常色相由颜色名称标识，如红、绿或橙色。黑色和白色无色相。

（2）饱和度。饱和度表示色彩的纯度，纯度值为 0 时，色彩为灰色。白色和黑色都没有饱和度。当饱和度值为最大时，每一色相具有最纯的色光。

（3）明度。明度指色彩的明亮度。明度值为 0 时即为黑色，明度值为最大时是色彩最鲜明的状态。

RGB 和 HSB 是所有配色的基础，人们眼中的五颜六色的世界，每种颜色都可以说是从这两个概念中获得的，配色的精髓就是在不断的实践过程中积累对 RGB 和 HSB 色值调试的经验，有了这样的经验，就很容易做出令人赏心悦目的网页。

5.2 网页配色原则

在网页设计中，色彩的搭配需要设计师慎重考虑。不仅要考虑网站自身的特点，还要遵循一定的艺术设计规律，成功的色彩搭配能够使网站风格统一，重点内容突出，为网站的信息推广起到良好的助推作用，因此如何在网页中合理运用色彩是一项技术性和艺术性很强的工作。下面对网页设计中的色彩搭配需要遵循的一些基本原则进行简单的梳理。

5.2.1 色彩的鲜明性

色彩给人的感受是丰富而奇妙的，一个网站要想给用户留下深刻的印象，体现在使用色彩的方面，就需要色彩风格鲜明、定位准确，能突出网站的主题。不同行业的网站要通过色彩来体现其风格，如 local mineral water 网站以不同的图案搭配相应的色彩，突出体现饮料的天然性和矿物质含量，很好地表现了产品的特点（图 5-1）。而

jesuis unicq 网站则通过大面积的红色点缀黑色字体来体现艺术性和神秘感（图 5-2）。uvo.kia 虽然是一个汽车行业的网站，但是由于其产品本身的特点，并没有像普通汽车站网一样着重表现机械的性能，而是采用了比较卡通的手绘方式搭配活泼的色彩来体现该款汽车俏皮的卖点（图 5-3）。

图 5-1

图 5-2

图 5-3

5.2.2 色彩的独特性

任何设计都在求新求变以彰显其独特性，具体到网页中的色彩使用也不例外，与众不同的色彩定位可以使用户对网站的印象深刻，但要注意把握分寸，能完美地诠释网站风格的色彩运用才是成功的设计。

it's on us 是以反对性骚扰为主题的网站，网站首页以大面积的黑色来表现这个严肃的社会问题，网页的中心位置以动态图形配以不同的色彩体现不同信息，整个画面的色彩给人以严肃和紧张的心理暗示，很好地传递了网站要表现的主题内容（图 5-4）。相比较而言，高明度的蓝色会给人愉悦的心理暗示，这也就是 iphone-timeline 网站和 ferias para curtir 网站用色的成功之处，作为娱乐性质为主的产品，没有什么比让人心情愉悦更为重要的事了（图 5-5、图 5-6）。colors of motion 作为专门以色彩为卖点的网站，在色彩的使用上偏偏选择了不同的路线，网站的首页虽然使用了不同色相的色彩，但是低纯度的处理使网页体现出了一种独特的厚重感（图 5-7）。同样是低纯度的色彩，kaspersky 网站则主要以突出安全保护设备为表现主题（图 5-8）。

图 5-4

图 5-5

图 5-6

图 5-7

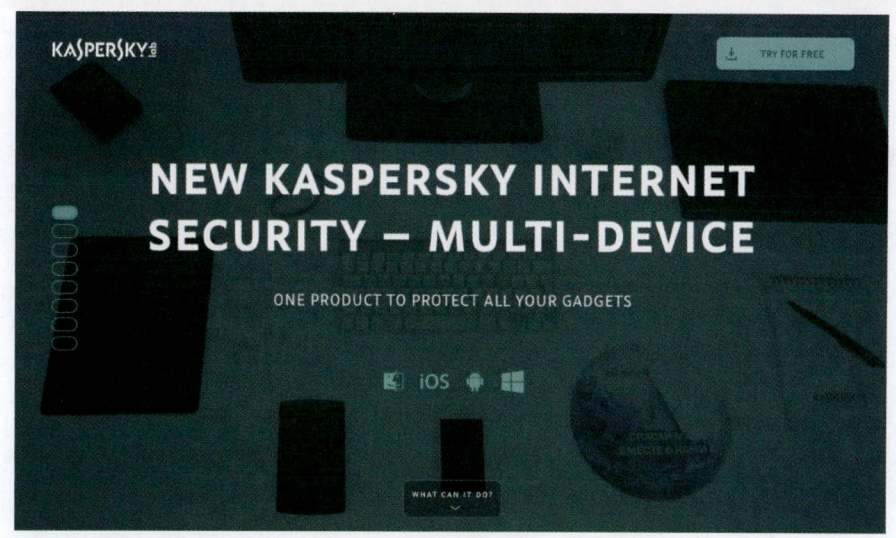

图 5-8

5.2.3 色彩的适宜性

网页色彩的使用不仅要考虑网站内容和主题的要求，还应考虑浏览者的生理和心理特点，甚至要考虑地理、民族特征等因素，在遵从艺术设计规律的同时，运用符合一切主客观因素的色彩搭配体系。

作为医疗类网站，温馨、放松的界面设计更容易让用户接纳，因此这家韩国医疗网站使用了高明度的色彩为主色调，让整个页面整洁明亮起来，很好地传递了该机构的性质和理念（图5-9）。当然也有另外一种设计方法，如 health-on-line 网站采用了更为严肃、直观的手法来表现吸烟对肺部的伤害，整个画面以低明度的灰色为主，似乎在让人们感受着呛人的烟雾所带来的痛苦（图 5-10）。而对于儿童网站，没有什么比五彩斑斓的色彩更能吸引孩子们的注意力了（图 5-11、图 5-12）。

图 5-9

图 5-10

图 5-11

图 5-12

5.2.4 色彩的联想性

色彩本身无任何含义,它们需要通过联想产生含义,色彩经联想能影响人们的心理,左右人们的情绪,联想给各种色彩都赋予了特定的含义,甚至每种色彩在饱和度和明度上的略微变化都会产生不同的心理感受,因此使用色彩时需要清楚地了解网站的主题和面对的用户群的特点。

1. 红色

红色象征着肾上腺素和血压。因具备这些生理上的效应,红色被认为可以促进人的新陈代谢,是一种令人兴奋并充满梦想和动力的色彩,所以为了刺激人们的购买欲望,很多购物类网站采用了大面积的红色(图 5-13、图 5-14)。

2. 橙色

和红色一样,橙色是一种非常活泼、充满能量的颜色,虽然不会激发出像红色那样的情感,但是它代表阳光、热情,可以提升人们的幸福感。橙色还可以促进人们的新陈代谢和食欲,是食品和烹饪促销的最合适的颜色,这就是很多食品类网站喜欢使用橙色系的原因(图 5-15、图 5-16)。

图 5-13

图 5-14

图 5-15

图 5-16

3. 黄色

黄色是一种非常活泼的色彩，易识别性强，所以常用在提示人们注意的场合。和红色一样，黄色更容易被用在商品促销的显要位置（图 5-17、图 5-18）。

图 5-17

图 5-18

4. 绿色

绿色是一种有强烈安全感的颜色，经常与大自然联系在一起，是一种抚慰的颜色，象征着生长、新鲜和希望。绿色更容易让人们的视觉产生舒适的感觉，所以常用于象征安全性的网站中（图 5-19、图 5-20）。当绿色放置在黑色背景上时，会带给人们一种科技感和力量感（图 5-21、图 5-22）。

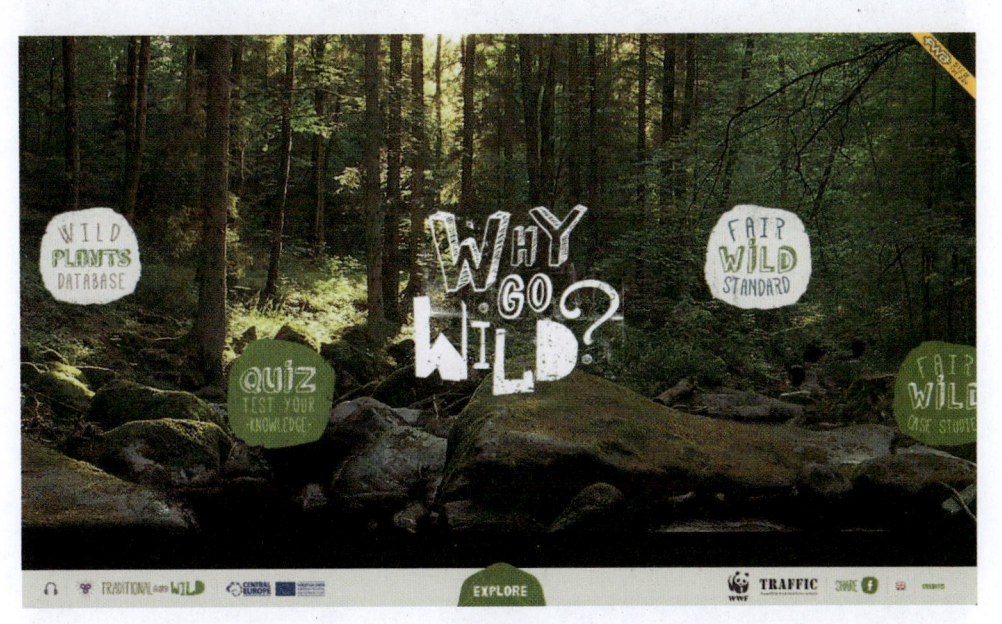

图 5-19

图 5-20

图 5-21

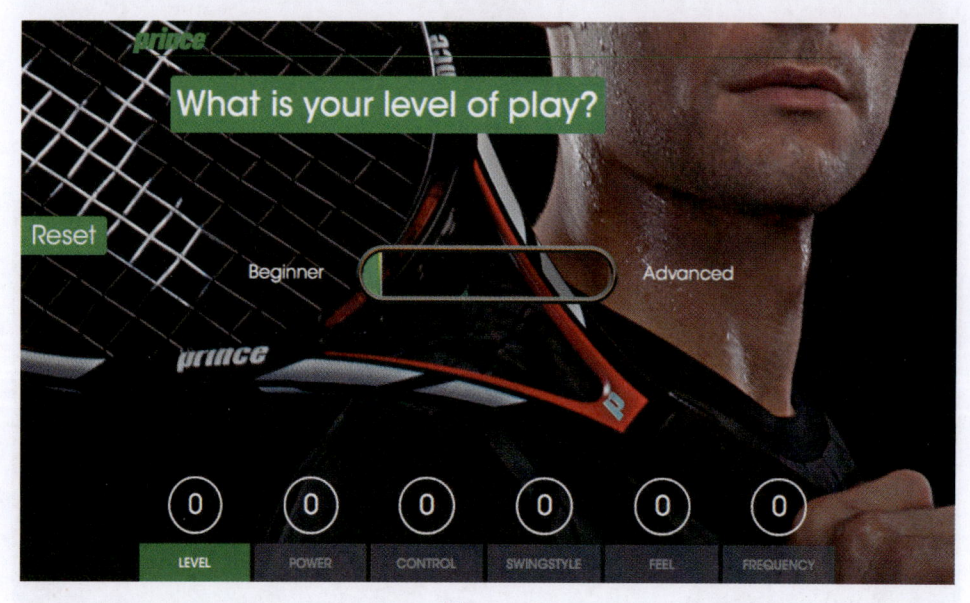

图 5-22

5. 蓝色

蓝色是一种可以带给人们平静的颜色，因为天空和大海的颜色都是蓝色，所以蓝色被赋予了开阔、包容的含义（图 5-23、图 5-24）。蓝色也代表着开放、智力和忠诚，因此很多科技类企业网站以蓝色为主色调（图 5-25）。但是蓝色在某些时候也象征着忧郁，会影响人们的食欲，所以在使用蓝色的时候要注意与表现的主题一致。

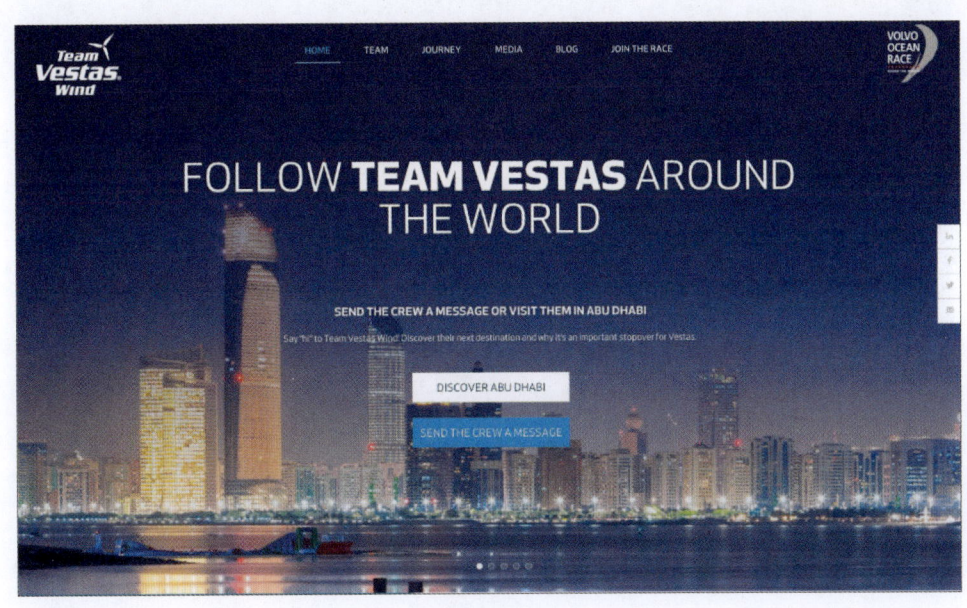

图 5-23

图 5-24

图 5-25

5.3 网页配色方法

在 5.1 节和 5.2 节已经介绍了网页的色彩模式和色彩使用原则，但是还需要让各种颜色在网页上一起和谐地工作，这就是配色方案所要解决的问题，配色方案是创建和谐有效的颜色组合的基本法则。

5.3.1 单色

单色的使用是指由单个的基本颜色及其不同明度和纯度的变化组合而成的色彩搭配方式。一些设计师运用单色的手法来设计网站的配色模式，不使用图像或其他图形装饰，这样的设计手法使得网站看上去更明快、整洁，也可以引导用户将注意力集中在网站的主要内容上。另外，单色的使用导致需要加载的图像非常少，使得网站真正实现了快速加载，极大提高了网站的信息传递效率，大量研究表明，网页下载速度缓慢就等同于减少收益，特别是商务网站。例如，网络公司 Solid Giant 的网站首页就使用了大面积的玫红色，设计师在纯色的基础上对背景做了肌理化的处理，使画面层次感更加丰富，再加上白色字体的运用，显得页面更加简洁明快，使整个网站的设计风格既简约又富有层次感（图 5-26）。

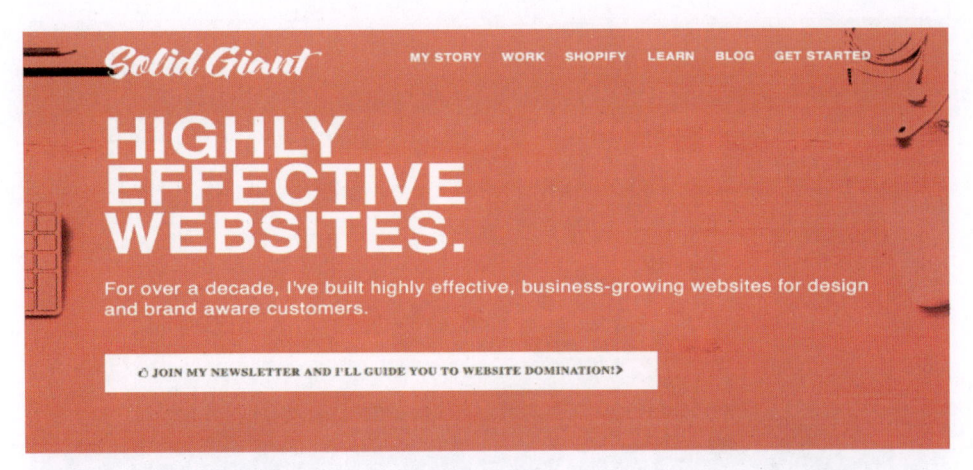

图 5-26

单色的使用还可以通过不同的纯度、明度和 Alpha 值来营造丰富的页面效果（图 5-27）。采用接近纯色的配色模式来设计网页，使得网站页面基本信息的传递效率大幅度提高（图 5-28）。另一个优秀范例是 intuitionhq 网站首页，它选择性地使用了纯色的配色方案，运用了肌理元素营造出纯色的效果，再辅以趋近白色的背景，使网站的整体风格更加简洁，网站的主要信息一目了然，便于用户进行体验（图 5-29）。

图 5-27

图 5-28

图 5-29

需要说明的是，在色彩的运用中，黑色和白色是两个特殊颜色，一般用于背景色，与文字色彩的对比要适当拉大，可以营造优雅、简洁和充满力量的氛围，但是使用不当也会起负面作用。所以要考虑用户的心理感受，根据设计的需要合理使用，才会为网页带来意想不到的效果（图 5-30～图 5-34）。

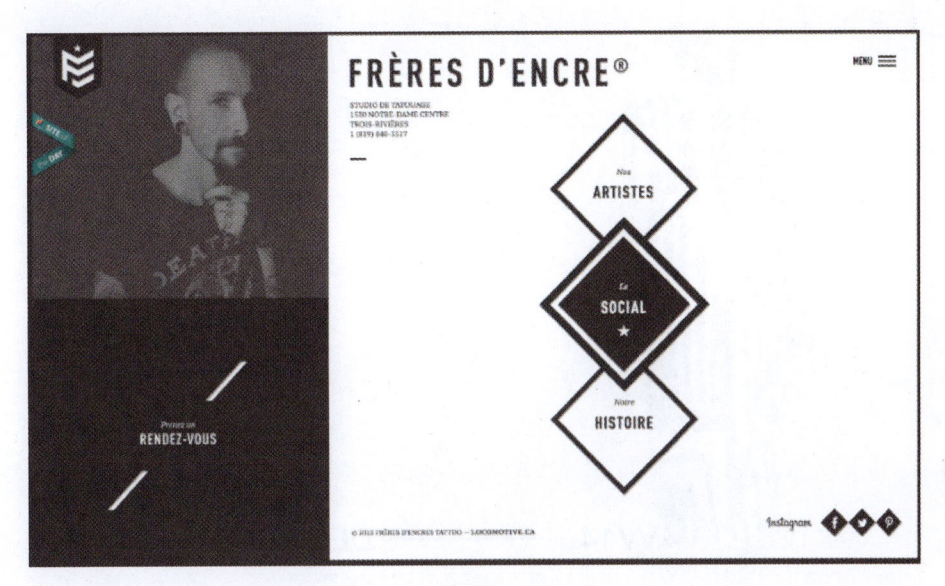

图 5-30

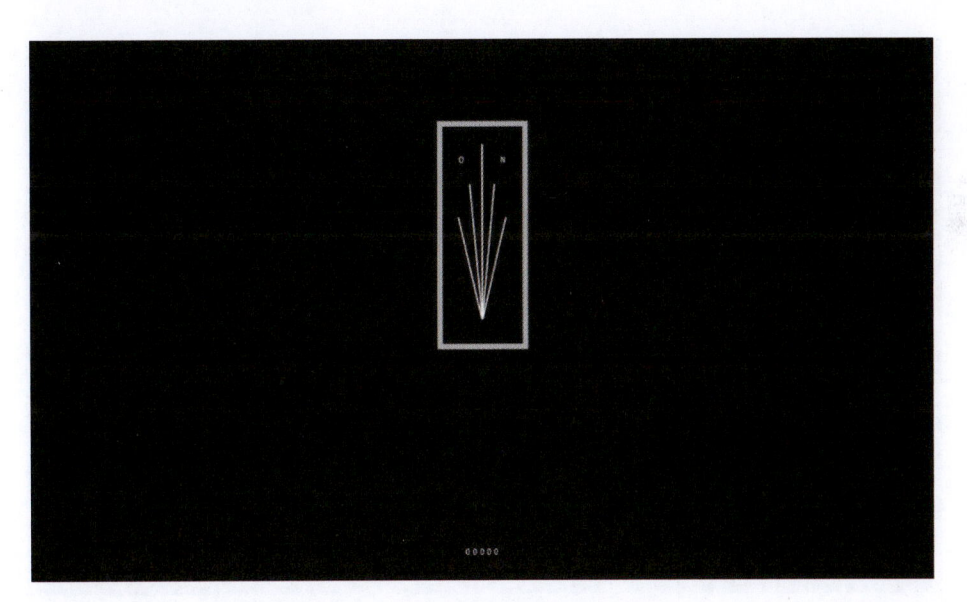

图 5-31

图 5-32

图 5-33

图 5-34

5.3.2 相似色

相似色指在色相环上相邻近的颜色，如绿色和蓝色、红色和黄色就互为相似色。因为两个相似色都含有同种颜色，所以采用相似色的配色方案可以使网页避免色彩杂乱，易于达到页面的和谐统一。

forrst 网站主页上的画面充满了幽默感的图形设计与和谐的相似色，从青色的天空到橘红色的背景，都和主题风格搭配得非常协调（图 5-35）。blinksale 网站显示的是一个服务器托管的网络应用程序，它的配色方案也是以相似色为主的，整个网站以不同明度和纯度的蓝色为主，营造了丰富的页面层次（图 5-36）。airsocial 网站首页上采用几组相似色体现网站主题。相似色使画面更为稳重、简洁，同时又在醒目的位置添加了少量的对比色来提高用户对重要信息的关注度（图 5-37、图 5-38）。

图 5-35

图 5-36

图 5-37

图 5-38

5.3.3 补色

在光学中,当两种色光以适当的比例混合而产生白色感觉时,则称这两种颜色"互为补色",即互补色。在具体使用中,恰当地使用补色,可以突出画面重点,产生强烈的视觉效果。使用补色要注意把握面积、明度和饱和度。例如,可以以一种颜色为主色调,补色作为点缀,起到画龙点睛的作用(图 5-39、图 5-40)。也可以降低互补色的饱和度,以达到色彩的统一和协调,像 bar campomaha 网站首页那样,通过降低纯度和调整面积等方法,将红色和绿色、蓝色和橙色两组互补色非常和谐地统一在一个页面中(图 5-41、图 5-42)。

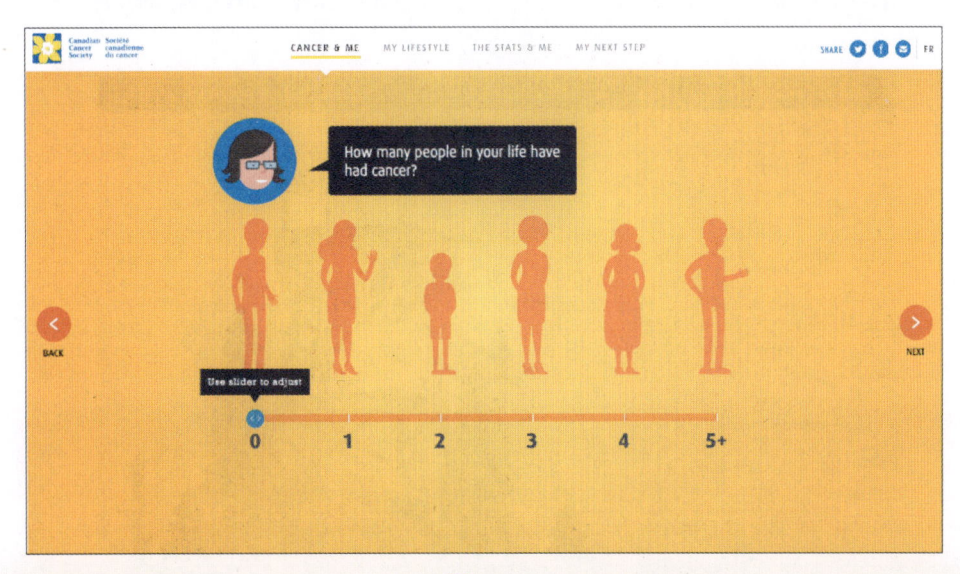

图 5-39

图 5-40

图 5-41

图 5-42

第 6 章
网页交互设计方法

视频讲解

6.1 网页信息的梳理与设计

在现代网站设计中，网页信息的梳理和信息架构设计是用户体验的核心。一个成功的网站不仅要承载大量的信息（文字、图像、视频、音频），还需要确保这些信息以用户能够快速、准确理解的方式呈现。然而，设计师往往需要面对信息过载和无序的问题。如何有效地梳理这些信息成为设计过程中的关键一步。

为了说明信息梳理的必要性，可以通过分拣豆子的例子来理解。假设有一大碗豆子，由黄豆、绿豆、红豆混合而成。这种混乱的状态类似于设计初期收集到的大量网站相关信息。如果不加以整理，这些信息就像碗中的豆子一样，显得杂乱无章、难以厘清。但是，当我们将豆子按照类别分拣到不同的碗中时，这个过程等同于对网页信息进行分类和整合，帮助设计师厘清思路，为后续的设计打下良好的基础。

网页信息的梳理工作不仅是信息分类，还包含对信息的整合与简化，目的是将繁杂的信息转换为用户能够轻松理解和使用的形式，关键是对信息进行逻辑组织，保证呈现方式与用户的期望和需求相吻合。

在完成信息梳理后，设计师便可以开始网页信息设计的工作。设计师的设计目标是借助视觉和交互手法，用最直观的方式展示信息，一切工作都是为了使复杂的信息变得易于理解。网页界面设计秉承以用户为中心的理念，需要时刻考虑用户如何与界面进行信息交互。

6.1.1 网页信息卡片分类法

卡片分类法是一种低成本且快速有效的信息梳理与设计的方法。它能够帮助人们理解用户组织信息的方式，从而发现合适的网页信息设计方案，并从用户视角厘清网页信息的分类逻辑。卡片分类法可以直观地展示各网页信息之间的层级关系，并建立一个合理的信息架构。

在网页界面设计的初期阶段，设计师会收集与网页内容相关的大量信息。但是这些信息是杂乱无章的，很难在设计过程中直接使用。所以需要先梳理这些信息，并将其分为文本、图片、视频和音频等不同的类型。完成初步整理后，需要对信息的基本层级结构进行确认。主要内容包括明确哪些信息应该展示在网站的主页上，哪些信息应该展示在与主页同层级的其他页面中，并逐步深入，直到最深层级的网页内容被明确为止。最后，还需要对各层级网页中的信息展示结构进一步细分，并组织成合理的形式。如信息可以细分为标题、子标题、正文、特定图片、特定视频和特定音频等形式，这种方式能确保每个信息元素在网页中的展示位置和方式都符合用户的预期。这个过程确保了网页信息在展示时层级分明。

网页信息通常是按照树状图的结构形式进行分类梳理，借此确定信息展示的层级与结构。卡片结合树状图的形式可以清晰地展示出用户对网页信息的理解方式，能有效地帮助设计师构建一个符合用户预期的信息架构。

卡片分类法根据分类方式的不同，主要分为开放式、封闭式和混合式三种。每种分类法都有独特的应用场景和优势，如表6-1所示。

表6-1 三种卡片分类法对比

分类方式	定义方式	优　　点	适用场景
开放式	自由分类	反映用户思维方式	适用于探索性研究或初期设计阶段
封闭式	固定分类	结构明确	适用于已知框架的细化工作
混合式	自由+固定分类	灵活且结构性强	适用于复杂项目

开放式卡片分类法指设计师不对信息的分类进行限制，由参与分类的人根据自己的理解对信息进行分组，并为每个分组命名。借助这种方法，设计师可以深入了解用户如何理解信息，并根据这些信息创建出以用户为中心的网页信息架构。

封闭式卡片分类法指设计师预先给出分类名称（组别名字），参与者根据自己对这些名称的理解将信息分配到相应的类别中。此方法适用于信息结构已基本确定，需要在既有框架内完善细节的情况。

混合式卡片分类法结合了开放式和封闭式的优点，参与者首先按照已定义的分类名称进行分类，当遇到信息无法归类到现有组别的情况时，可以创建新的组别。这种方法灵活性更高，适用于复杂多样的信息结构设计项目。

设计师借助卡片分类法可以迅速厘清网站中的信息架构，并为后续的设计工作打下坚实的基础。无论是开放式、封闭式，还是混合式卡片分类法，都可以根据项目的具体需求灵活应用。

6.1.2 可视化网站地图

页面是网站的基础组成部分。不同的页面包含的信息各异，卡片分类法有助于对页面信息进行分类。但页面之间的跳转和组织问题则需要借助网站地图来解决。

网站地图是展示网站层级结构的常用工具，核心在于借助层级结构来展示页面之间的关系，常通过树状图或列表展示网站的父页面与子页面之间的层级关系。无论是手绘形式还是数字形式制作的网站地图，只要能清晰地展示页面的层级关系和组织方式，就是有效的网站地图。

网站地图的优势在于它能够清晰地展示页面之间的关系，帮助团队成员理解信息架构设计。同时还能考察和优化信息架构，从而达到优化信息层级结构和导航体验的目标，进而提高可用性和用户体验。

网站地图主要分为基于技术的 XML 网站地图、HTML 网站地图和基于图像的可视化网站地图两类。第一类中的 XML 网站地图主要为搜索引擎设计，通常以纯文本形式展示，不利于用户阅读，但便于计算机处理。而 HTML 网站地图是为用户设计的，通常以可选择的链接形式出现在网页中，为用户提供导航服务；第二类的可视化网站地图则是用于信息架构工作，它能在前期的项目规划和团队沟通过程中帮助设计师、开发者及客户了解网站结构，有利于评估和优化信息结构。在视觉上常以树状图形式展示页面之间的分支和层级关系，如图 6-1 所示。

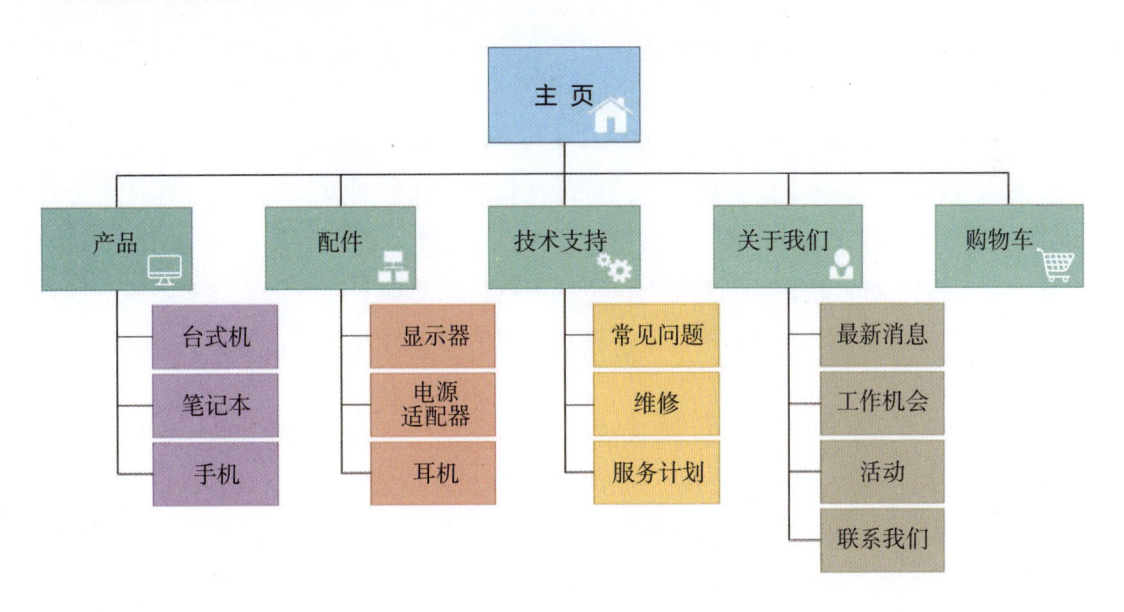

图 6-1 可视化网站地图

可视化网站地图具有三个主要作用：

（1）对网站信息组织形式进行清晰展示。网站地图通过可视化手段对网站的信息架构进行清晰的展示，帮助设计师了解页面之间的联系，并借此创建用户友好、直观的导航系统。

（2）对页面层次结构进行规划和优先级排序。设计师可以利用可视化网站地图这个工具查看并调整页面的层级结构，确保重要页面在层级结构中有合理的位置，并按信息优先级对页面进行排序。

（3）查漏补缺，保证用户操作路径有效。可视化网站地图能让设计师对信息结构进行宏观观察，确保页面结构的完整性，避免出现缺失页面的问题。在设计过程中，设计师可以按照地图检查是否有遗漏的页面，确保任务流程完整合理，并检验用户操作路径是否有效。

因此，在设计项目中，设计师可以使用可视化网站地图推进设计项目，对信息架构进行设计和优化，并在用户测试和卡片分类的设计环节中获得有效的用户反馈。

6.1.3 页面信息的层级结构

可视化网站地图将页面与信息联系在一起，用视觉手段展示了页面的内容。但这些内容还需要进一步梳理，以形成有逻辑、易于用户理解且满足委托方需求的有效信息。

在完成整体的信息架构工作之后，设计的重心应转移到具体页面的信息架构上。在这一环节中，核心是设计单一页面信息的层级结构，从而创建出对用户友好的页面。

页面信息的层级结构包含信息的展示顺序与方式，任务是确保用户能够自然流畅地浏览页面内容并获取信息。页面信息的层级结构设计包含信息排序和布局设计两个关键环节。

信息排序是页面信息架构工作的第一环节。信息排序是指将页面上的不同信息按照重要性进行前后排列。信息越重要，排序越靠前，即信息的层级越高。在这个过程中，可以使用卡片分类法来推进信息排序工作。首先将页面中的信息分成不同类别并为其命名，再把类别名字写在卡片上；然后根据信息的重要程度，从最重要的信息到最不重要的信息对卡片依次排列，最终得到页面的信息排列顺序。这个顺序代表了用户在浏览页面时对信息的阅读顺序。

布局设计是信息排序后的第二个关键环节，它决定了页面的视觉结构。布局设计通过划分信息展示区域，确保用户在不同屏幕之间自由地浏览信息。设计时，首先要根据页面的信息量划分屏数，然后在屏内根据信息的重要性进行布局，用矩形表示信息所在的位置和大小，这样能将信息排序关系转换为视觉设计中的布局关系。在页面布局的过程中，面积较大的矩形、位于视觉焦点的矩形以及深色的矩形都能突出显示重要信息。此外，布局设计还需要考虑纵向滑动的屏数，屏数不同，信息展示的密度也不同。同等的信息量，五屏布局的单屏信息密度会比十屏布局的单屏信息密度高很多。

通过信息排序和布局设计，最终可以得到一个结构合理、层次清晰的页面布局设计稿。这个设计稿不但反映了页面信息的重要性排序,而且通过视觉元素直观地传达给了用户。

6.2 交互设计原则

交互设计原则是网页界面设计中确保用户体验质量的重要手段。网页界面设计不仅要关注界面的美观性,还要考虑用户的使用习惯和认知过程。只有这样,才能设计出方便用户理解和操作的网页界面。

接下来介绍一些重要的交互设计原则,它们能帮助设计师提高页面的用户体验质量。这些设计原则分别是尼尔森启发式设计原则、与用户认知心理相关的用户心理模型、费茨定律、希克定律、接近法则、防错原则以及米勒法则。设计师需要理解和应用这些原则,并借助它们创建更加直观、有效且友好的网页界面,最大限度地满足用户需求并减少网页使用过程中的挫败感,同时还需要在设计过程中保持对不同用户群体认知能力的思考与研究。

6.2.1 尼尔森启发式设计原则

尼尔森启发式设计原则由雅各布·尼尔森(Jakob Nielsen)提出,包含了10条关于网页设计的通用交互设计原则。这些原则是尼尔森博士根据多年来对网页界面设计的研究和实践总结出来的经验法则,用于评估网页界面的可用性和设计质量,如表6-2所示。

启发式设计原则为设计师提供了一种低成本的方案检查方法,常常在第一次设计方案的检测环节中使用。设计师可以通过这些原则去判断网页界面设计是否符合基本的设计规律,并找出设计方案中可能存在的可用性问题(usability problems)。例如,尼尔森提出的"用户控制与自由"原则,强调网页界面设计应该允许用户进行撤销或返回操作。这个原则提醒设计师,在设计中可以帮助用户在操作过程中保持控制感,减少操作失误带来的挫败感。

启发式设计原则特别适合用在设计的初期阶段,因为它可以帮助设计师快速完成可用性评估,及时发现并解决设计方案中的问题。经过多年的实践验证,尼尔森启发式设计原则依然在设计领域中具有举足轻重的地位。它不仅是可靠的可用性评估工具,也是设计师在设计网页时的重要参考标准。

表 6-2 尼尔森启发式设计原则

序号	具 体 内 容	示 例 解 释
1	系统状态可见性:设计应该在合理的时间内通过适当的反馈让用户了解正在发生的事情	在页面加载时显示进度条或加载动画,让用户了解加载进度

续表

序号	具 体 内 容	示 例 解 释
2	系统与现实世界的匹配：设计应该使用用户能理解的语言，用户熟悉的词汇、短语和概念，而不是内部术语。遵循现实生活中的习惯，让信息看起来自然且有逻辑	使用熟悉的图标和术语，如用垃圾桶图标表示"删除"，齿轮图标表示"设置"
3	用户控制和自由：用户经常错误地执行操作。他们需要一个明确的"紧急出口"标记来阻止不想要的行动，而不必经历一个漫长的过程	提供"撤销"和"重做"按钮，让用户可以轻松地修正操作。还可以提供"上一步"和"返回"功能按钮修改错误
4	一致性和标准化：用户不应该怀疑不同的文字、情况或动作是否意味着相同的事情。设计应遵循平台与行业的惯例	确保所有的图标和按钮在整个应用中具有一致的设计风格和交互作用。避免相同图标在不同页面承担不同的交互作用
5	错误预防：设计及时的错误提醒消息的确很重要，但是最好的设计会从一开始就小心翼翼地避免问题发生。要么消除容易出错的条件，要么检查这些条件，并在用户提交操作之前为他们提供一个确认选项	在用户完成操作前，检查是否有错误，并用红色警告提示，或是将选项改为灰色状态，禁用不满足启动条件的按钮
6	识别而不是回想：通过使元素、操作和选项可见的方式来减少用户的记忆负荷。用户不必记住从界面的一部分到另一部分的信息。使用设计所需的信息（例如字段标签或菜单项）应该是可见的，或者在需要的时候能够容易被检索到	在导航菜单中使用图标结合文本的形式，帮助用户快速识别功能
7	灵活性和使用效率：不向新手展示的隐藏快捷键可以加快专业用户的交互速度，这样设计可以同时满足没有经验和有经验的用户需求。允许用户定制频繁的操作	为专业用户提供快捷键和自定义界面选项；为新用户提供基础界面，满足不同层级的用户
8	美观和简洁的设计：界面不应该包含不相关或很少需要的、与任务无关的信息。界面中的每个多余的信息都会与其他信息争夺注意力，并降低它们的相对可见性	减少页面上的杂乱元素，只保留必要的信息和按钮
9	帮助用户识别、判断和修复错误：错误提示应该用简单的语言表达（没有错误代码），准确地指出问题，并建设性地提出解决方案	提供具体的错误提示，并在提示中给出具体操作路径，指导用户如何解决问题。避免仅提示出现的问题
10	帮助和文档：使用系统时最好不需要任何额外的说明。但在必要时应该提供文档来帮助用户了解如何在系统中完成任务	提供易于搜索和理解的在线帮助文档，包括常见问题解答（FAQ）和故障排除指南

6.2.2 用户心理模型

在基于计算机技术的网页界面设计中,重视用户的心理模型是一个至关重要的设计原则。设计师既要创造良好的用户体验,又要找到用户期望与技术限制之间的平衡点。

心理模型(mental model)、实现模型(implementation model)和呈现模型(represented model)是界面设计中的三个重要概念。心理模型反映了用户的认知方式;实现模型描述了系统的运行原理;呈现模型则是设计师设计出的网页界面方案。

从用户的角度看,心理模型体现了他们所期望的网页运行的状况。用户不需要理解界面背后的复杂原理,只需要点击或滑动网页界面即可完成任务。用户的心理模型就是这种操作的预期过程;实现模型涉及网页界面背后的实现技术,包括信息输入输出的路径和方式;呈现模型是设计师根据心理模型和实现模型设计的界面,旨在为用户提供直观易用的操作体验。

以购物网页为例,用户的心理模型可能是"点击购物车图标后,页面将已选商品的清单显示出来";实现模型则涉及"点击图标时后台系统如何调用数据库中的信息,将商品清单显示在页面上"的问题;而呈现模型则是实际的购物车页面设计,设计师需要确保这个页面简洁易懂,用户能快速找到需要的操作按钮,如"立即购买"按钮。呈现模型与用户心理模型越匹配,用户的操作体验越顺畅,用户完成操作时所需要的思考时间也越短,体验质量越高,如图 6-2 所示。反之,用户会在网站上不断犯错,导致体验质量下降。

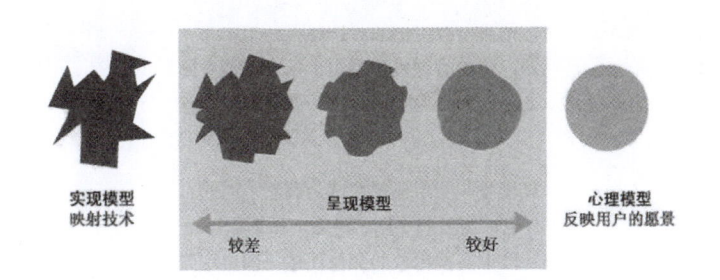

图 6-2 实现模型、心理模型和呈现模型的关系

然而,这三个模型都会受到不同因素的制约。用户群的年龄、背景等因素都会对自身的心理模型产生影响。实现模型则会因技术、业务需求及资源限制等因素而不同。设计师在设计呈现模型时,需要考虑以上因素,确保设计出的界面尽可能符合用户的心理预期,即尽可能贴近用户的心理模型。

设计师需要坚持以用户为中心的设计理念,以缩小用户的心理模型与设计的呈现模型之间的差距。设计师在设计网页界面时,应对目标用户群体进行调研,获取有价值的参考资料,使设计出的呈现模型更接近用户的心理模型,满足用户的使用预期。

6.2.3 其他通用设计原则

1. 费茨定律

费茨定律（Fitts's Law）由保罗·费茨（Paul Fitts）提出，用于预测手部运动（如单击按钮）所需的时间。该定律指出：运动时间与目标的距离成正比，与目标的大小成反比。简单来说，距离近且目标大的按钮更容易被快速点击，而距离远且目标小的按钮则需要更多时间，并且容易出现错误点击。

费茨定律认为，用户的操作效率受到距离和目标大小的影响。假设要单击屏幕上的一个按钮，如图6-3所示。如果按钮离鼠标指针的位置比较远，单击按钮所需要的时间就会增加；如果按钮很小，控制鼠标精确单击按钮的时间也会增加。相反，较大且靠近鼠标指针位置的按钮，会更快、更轻松地被单击，所需要的时间短且操作难度低。因此，在网页界面设计中，重要的按钮常常被设计得较大，并放在容易到达的位置。

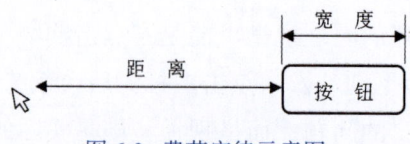

图 6-3　费茨定律示意图

例如，在购物结算页面中，设计师通常会将"立即购买"或"加入购物车"按钮设计得比较大，并且放在页面的底部中央或右下角位置，方便用户单击，如图6-4所示。这样的设计也是一种对费茨定律的运用，通过缩短按钮与鼠标指针的距离、增大按钮尺寸的方式来提升用户的操作效率和体验质量。

图 6-4　购物网站中增大按钮尺寸突出显示

通过理解和运用费茨定律，设计师可以借助修改控件大小和位置的方式，创建更加高效和直观的页面，使用户的操作更加便捷。

2. 希克定律

希克定律（Hick's Law）是由英国心理学家威廉·埃德蒙德·希克（William Edmund Hick）提出的，用来描述个体在面对多个选择时作出决定所需的时间。该定律表明，当选择数量增加时，决策所需的时间也会随之延长。其核心是通过限制选项数量、将相关选项进行分组、提供默认选项的方式来缩短决策所需的时间。

希克定律认为，用户面对的选择越多，作出决定的时间就越长。假设你选择在一家餐厅吃晚餐，菜单上如果只有三道菜，你很快就能决定吃什么。但菜单上如果有三十道菜，你可能需要更多时间才能作出决定。

因此，设计师在网页界面设计中应尽量减少用户做决定时备选的选项数量，同时将相关选项分组，以减少类别数量并帮助用户更快地处理网页中的信息，例如当当网将全部商品分为 13 类，并分层展示不同选项，减少选项数量，如图 6-5 所示。此外，通过设定默认或推荐选项，设计师也可以进一步缩短用户的决策时间和思考过程。

图 6-5　将商品分类并分层展示选项

例如，在设计图片社区的账号注册页面时，设计师通常会为新用户推荐一批可直接关注的创作者。在这个过程中，网站可能会提供喜好分类的选择，如建筑、人物等，同时设定"默认关注"或"全部勾选关注"的方式完成这一步骤，以便用户能够更快地完成注册流程。这种设计节省了用户在众多选项中做出选择的时间，提升了用户的体验质量。

希克定律对用户界面的可用性和用户体验有直接影响。设计师通过减少用户需要作出选择的选项数量，或通过有效的界面设计优化决策过程，可以显著提高用户的满意度和操作效率。

3. 接近法则

接近法则（proximity principle）源自格式塔心理学理论，它是说当对象彼此靠近时，人们倾向于将它们视为一组或相关联的部分。在界面设计中，用户通常会将空间上相近的元素视为相关的部分。

接近法则认为，如果在网页中将"提交"按钮和文本框放在一起，用户会自然地认为按钮和文本相关联，从而较快地理解它们的功能。如果将无关的按钮或信息分开摆放，元素之间有一定距离后则可以减少视觉上的混乱。

在网页设计过程中，设计师可以通过控制元素之间的空间距离来引导用户的视线和操作。例如，将相关功能的按钮或信息块放得更近，可以让用户更容易理解它们的关系，明确单击按钮会对这些信息块产生作用，提升操作的效率。同时，通过适当的距离加深用户脑海中"这些元素和按钮没有联系"的理解，将无关的元素与按钮适当分隔开，能够增强界面的清晰度，减少用户的认知负担。

接近法则是增强用户体验的重要工具，通过有逻辑的分组方式来提高设计的可用性，可以提升用户的满意度。在设计过程中，意识到并运用这一原则，有助于提高设计方案的整体质量和交互操作的效率。

4. 防错原则

防错原则由日本工程师新乡重夫提出，最初用于制造业，现已广泛应用于各类设计领域。该原则通过预先设计的机制，防止用户操作错误的发生，避免因设计缺陷而导致用户失误。

防错原则主张在设计中应包含能够阻止或减少错误发生的防错机制。例如，当用户没有填写必要的字段时，登录或注册按钮会被禁用（灰化），直至正确填写所有信息后，登录或注册按钮才会被启用（高亮）。这种设计禁止用户在信息不完整的情况下继续操作，从而防止发生错误，如图6-6所示。

在设计信息输入页面时，防错机制可以通过实时反馈的方式帮助用户避免操作错误。系统可以实时检查用户输入的内容是否正确，并通过标红、打钩或打叉的方式提示用户填写的信息是否正确。只有在所有必填内容都输入正确的情况下，提交按钮才会被激活。这样设计可以减少用户提交错误信息的可能性，提升用户体验的质量。

防错原则通过减少用户错误来提升界面的可靠性和用户的满意度，是一种关键的设计原则。在设计过程中充分考虑如何实现防错机制，可以有效地改善用户体验。

5. 米勒法则

米勒法则（Miller's law）也称为"7±2法则"，由心理学家乔治·米勒（George

图 6-6　防错原则示例

A. Miller）提出。它描述了人类短期记忆的容量限制通常为 5~9 个信息。这表明，当信息量范围在 5 ~ 9 时，人们能够更容易地记忆和处理这些信息。米勒还提出，通过对信息进行策略性分组，可以帮助人们突破短期记忆的限制，记住更多的信息。

　　米勒法则主张设计时应关注用户的记忆能力，将信息或选项分组，每组保持在 7±2 的范围内。例如，在设计网页导航菜单时，可以将入口分层级展示，避免一次性为用户提供过多选项，防止信息过载。在电商网站的商品分类页面，如果一次性展示全部商品类别，可能会导致用户难以选择和记忆。因此可参考导航菜单的分级展示设计，将商品类别进行分组显示，如"电子产品""家居用品"等，并在用户选择某个类别后，逐步展示子类别。这种设计不仅符合米勒法则，还能提升用户的导航效率和体验。

　　米勒法则是认知心理学中的一个经典概念，但随着研究的深入，尼尔森·考恩（Nelson Cowan）在 2001 年提出人类短期记忆的容量可能更接近 4 个信息，具体在 3~5 的范围内，即 4±1。无论是 7±2，还是 4±1，设计师都应通过合理的信息组织和界面设计，帮助用户更有效地处理信息，提升整体用户体验。

6.3　网页界面的原型设计

　　原型设计是网页设计过程中的一个关键环节。原型指将设计过程中产生的想法以可视化方式展示的工具，它提供了一种快捷且低成本的方式来表达设计概念和测试功能。原型设计通常包含线框图、低保真原型和高保真原型三个阶段。线框图、低保真原型和高保真原型在设计过程中的作用各不相同。线框图代表网页的基本骨架,展示页面的主要布局和功能区域,不涉及细节设计;低保真原型重点展示功能和布局,不关注视觉细节;高保真原型则接近最终网页界面的外观和交互行为,包含详细的视觉设计和交互功能。

低保真原型通常用于设计的初期阶段,适合概念验证和布局设计,如图 6-7 所示。它通过粗略的视觉表现来传达设计思路,制作简单、成本低,可以帮助设计师和团队成员在早期确定设计方向、快速迭代和收集反馈。

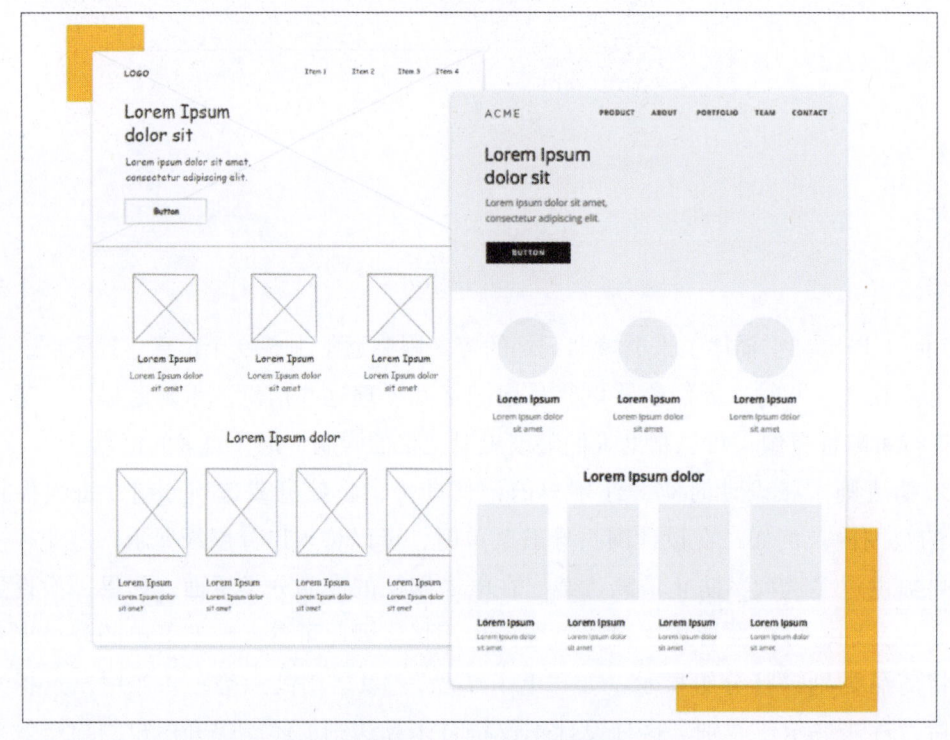

图 6-7 线框图(左)与低保真原型(右)

高保真原型则用于设计的后期阶段,展示页面的详细设计和交互细节,可以帮助设计师和团队成员验证设计细节和交互效果,确保最终结果符合用户预期。

通过合理利用不同精细程度的网页原型,设计师能够逐步展示和测试设计概念,确保最终的网页设计能够满足用户的需求和期望。例如,在设计一个电商网站时,线框图可以用来确定页面布局,如产品展示区、购物车按钮和导航栏的摆放位置;低保真原型能以简单的图形和文本展示这些区域的位置和大致功能,用于初步测试用户的浏览路径;高保真原型则会展示最终的视觉设计和交互效果,如按钮的点击反馈和动画,确保用户在实际使用时的体验。

6.3.1 界面线框图

1. 界面线框图

线框图代表网页的基本骨架,通过简单的线条和几何线框来表现设计概念,展示页面的主要布局和功能区域。它是原型设计的第一阶段,能帮助团队理解页面的总体结构。线框图主要关注页面的内容安排和功能位置,并不涉及视觉设计和交互细节。

在设计过程中,线框图的作用是快速构思、对外沟通和明确功能。首先,线框图可以帮助设计师快速构思和迭代页面布局方案。它制作简单、花费时间少,方便反复修改和调整,可以减轻设计师的心理负担,更好地探索设计方案的更多可能性;其次,作为沟通工具的线框图可以将设计思路直观地展示出来,帮助团队成员更好地理解和讨论复杂的设计概念,并带来更多视角和设计建议;最后,线框图能够明确每个页面元素的功能、位置和交互方式,确保设计过程中的一致性,为后续的详细设计提供依据。

2. 线框图的制作方式

线框图的制作方式主要有手绘线框图和数字线框图两种。

手绘线框图依赖纸和笔,但是能够快速表达设计想法。它的制作成本低,利于快速修改与放弃方案,非常适合早期概念验证阶段的快速探索工作,可以更加灵活地调整和验证设计的合理性,如图 6-8 所示。

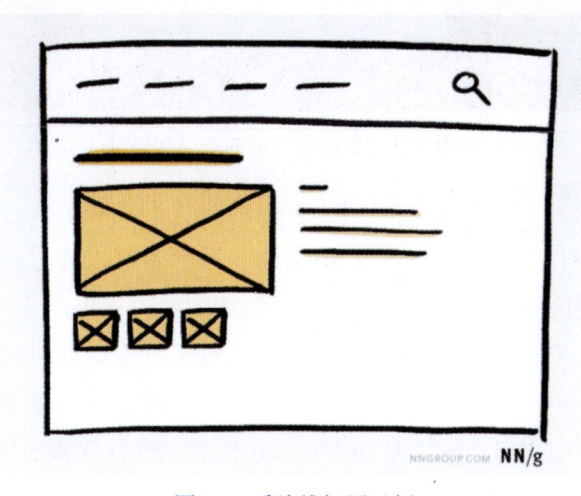

图 6-8 手绘线框图示例

数字线框图则需借助设计软件(如 Axure、Figma、Sketch、墨刀等)制作,适合团队协作和异地交流。这种方式可以方便地保存设计过程和设计迭代的记录,但所需的人力成本和时间成本较高。相比手绘线框图,数字线框图更容易与团队成员分享和编辑,适用于设计方案较为成熟的后期阶段。

制作线框图时,通常包括导航、交互控件、文本段、占位符和交互注释等内容。

交互控件指按钮、文本框（单行与多行）、下拉菜单、单选按钮、复选框等；占位符指图片或影像。手绘线框图用最简单的形式表达这些内容，如用横线表示文字段落，矩形表示输入框，带对角线的矩形表示占位符，粗横线表示标题类内容。绘制线框图的关键在于"点到即止"，即在表达设计意图时，不追求细微处的精确，而是重视整体页面布局和信息结构的合理性，如图 6-9 所示。

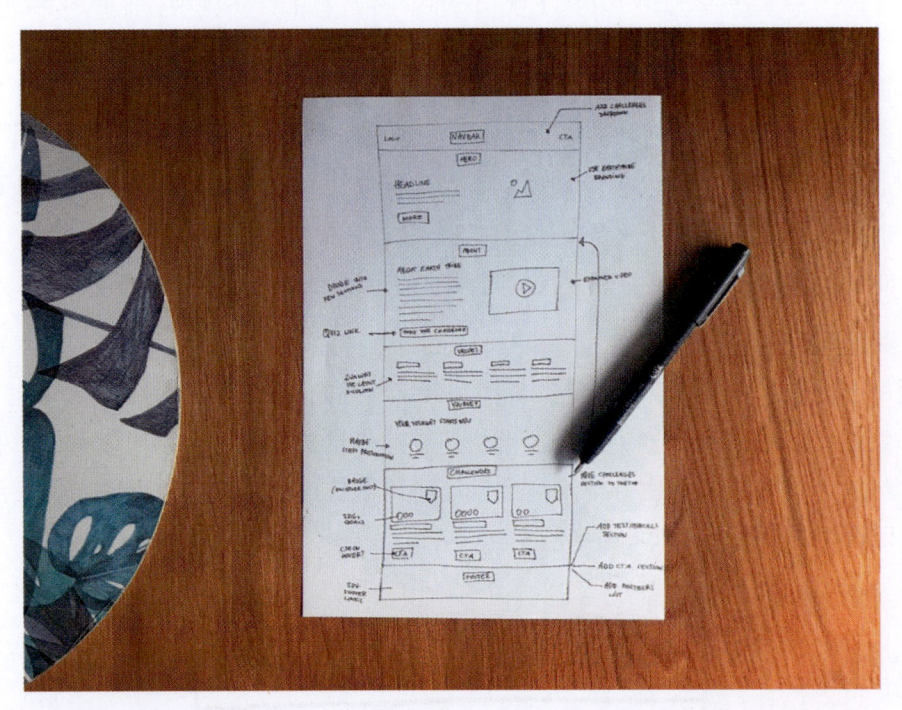

图 6-9 用手绘线框图表达页面布局和信息结构

　　无论是手绘线框图还是数字线框图，它们的视觉形式和制作过程基本相同。在学习制作线框图时，可以从制作手绘线框图开始。初学者可以通过临摹现有界面的方式逐步掌握线框图绘制技巧，直到能独立完成线框图的制作工作。

　　学习线框图的一种有效方法是通过"控制线框图制作时间"进行绘制练习。这种方法有两个核心原则——及时停止和不执着于细节。临摹时间没有固定要求，只要在一段时间内开始和结束即可，可以从 30 秒、60 秒到 120 秒逐步递增，通过不断修改绘制时间的方式进行线框图的制作练习。这种方法可以避免出现"过度关注单一元素细节而导致忽略整体页面布局关系"的问题。因此，在学习制作线框图时，要始终牢记时间有限，制作重点是快速表达页面结构关系，而不是过分追求细节的精细程度。线框图制作的具体步骤如表 6-3 所示。

　　这些步骤不仅适用于初学者临摹练习，也适用于根据具体设计需求创造新的线框图。在实际操作中，通过反复练习，设计师可以提高线框图的制作效率，并逐步掌握页面布局的核心要点，着重表现布局关系和功能位置区域。

表 6-3　线框图制作步骤

步骤	具 体 内 容
一	准备材料：纸、笔、计时器（如手机、钟表等）和一个或多个用于临摹的网页页面
二	绘制页面框架：画出一个矩形，表示页面的整体尺寸（即屏幕大小），比例不需要非常精确
三	添加导航与搜索元素：绘制导航栏、搜索框等页面的主要元素，不同的导航布局会对整体页面产生不同的影响
四	绘制主要元素：确定并绘制页面中最吸引用户注意的元素。这通常是页面中最重要的内容，是信息层级最高的内容，也是整个页面布局的核心
五	完善剩余元素：逐步添加其他页面元素，确保线框图是完整的
六	标注交互与跳转信息：在线框图边缘标注交互方式及页面元素之间的跳转关系，为他人以及本人理解线框图提供一个标准内容。文字能长期保存，而脑海里的记忆会随时间消退

3. 绘制线框图的注意事项

在绘制线框图时，应避免在同一画面中大量使用对角线矩形占位符，因为这会使画面显得烦琐复杂，影响线框图的视觉美感和信息传递效率，占位符可改用矩形加文字的形式替换；尽量控制线框图的制作时间，不要过多关注细节，强调整体布局关系和页面结构。

线框图的制作工具可以是纸笔，也可以是数字工具，手绘线框图更强调快速迭代和布局探索，而数字线框图则适合保留设计过程和支持团队协作。通过手绘线框图，设计师可以在设计的初期阶段快速探索多种布局方案，在满足用户体验的前提下平衡设计与功能的关系。数字线框图则适合后续更精细的设计阶段，方便与团队分享和讨论。

6.3.2　网页低保真原型设计

低保真原型是一种简单的黑白色原型，它是在线框图的基础上进一步丰富细节而得出的设计产物。在新项目的启动阶段，网页设计师可以使用低保真原型展示初步的页面布局和功能，以便从用户和团队中获得反馈，进而快速进行调整和优化。通常情况下，低保真原型不包含详细的视觉设计和复杂的交互功能，主要使用黑、白、灰3种颜色进行表现。低保真原型主要适用于早期设计阶段，用于验证基本的设计思路和功能需求，并收集用户反馈。

制作低保真原型的步骤通常是确认线框图、填充内容、使用黑白灰色彩、展示设计细节。首先确保当前的线框图内容已经符合要求。然后在原型软件（如Axure、Figma、Sketch、墨刀等）中逐步丰富细节。将代表文本段的横线替换为文字，将图像占位符替换为灰色块，将功能元素的交互控件替换为相应的图标。在导航部分用色块、文字和图标依次替换填充。在整个设计中使用黑、白、灰3种颜色，用灰色的深浅表达信息层级的高低，如图6-10所示。深灰色对比度强，视觉吸引力强，通常用于信息层级较高的

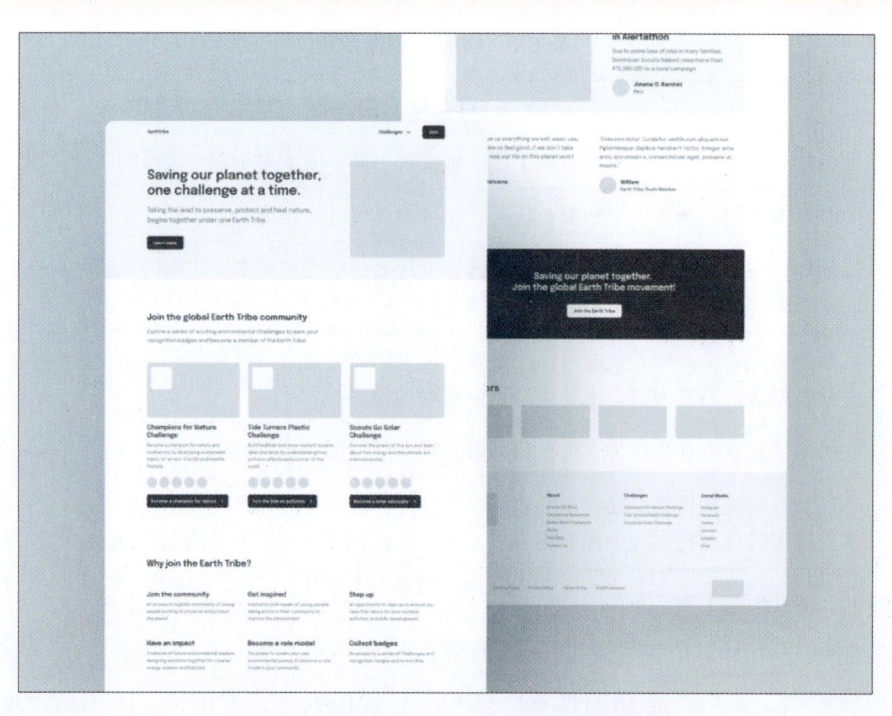

图 6-10　用灰色的深浅表达信息层级的高低

元素；浅灰色对比度弱，视觉吸引力低，适用于信息层级较低的元素。最后通过调整文字的大小、位置和灰度，展示更多的设计细节，同时验证网页界面的功能展示需求，确保交互功能的完整性并收集用户的反馈。

在制作低保真原型时还需要考虑基础的视觉效果。在设计阶段，文本内容还没有确定，为了继续推动设计方案，可以使用重复的虚拟文字将多行横线的位置填充，保证设计方案中有基础文字。尽管文字内容可以随意替换，但仍需要保证文字的大小、字体样式等符合设计要求，以确保文字与页面布局之间的关系能被准确展示出来。

6.3.3　网页高保真原型设计

高保真原型指包含详细视觉设计和复杂交互功能的原型。它接近最终的网页界面外观和交互行为，能够提供更真实的体验效果。

在高保真原型制作阶段，设计师会运用颜色、字体、图标和图像等视觉元素完善低保真原型，使其变成高保真原型。在这个阶段，设计师需要将版面设计中的文字、图像和色彩等知识综合运用起来，制作出接近最终效果的网页界面。同时可以借助原型软件，为高保真原型创建交互效果，借此创造出更贴近实际使用情境的交互操作，使用户的操作体验更贴近真实情况。此时，网页界面设计方案除了要满足网页界面的功能性要求，还要追求视觉美感和用户体验的平衡，确保技术与设计之间的有效融合，从而创造出最佳的用户体验。

高保真原型与低保真原型在使用阶段和作用上有明显的区别。低保真原型主要用于验证交互基础，即布局与页面结构；高保真原型则用于确定网页的视觉形式，如图 6-11 所示。高保真原型要在低保真原型基础上完成所有视觉相关的设计，使网页界面更加完整且真实。虽然高保真原型更适用于用户测试，但制作成本较高。因此，高保真原型阶段需要避免修改页面交互功能，尤其是修改页面布局。如果频繁修改高保真原型，会导致设计成本激增，延长项目周期。所以在高保真原型阶段中，所有设计调整都应尽量只针对视觉效果进行，避免对功能和交互进行较大的改动。

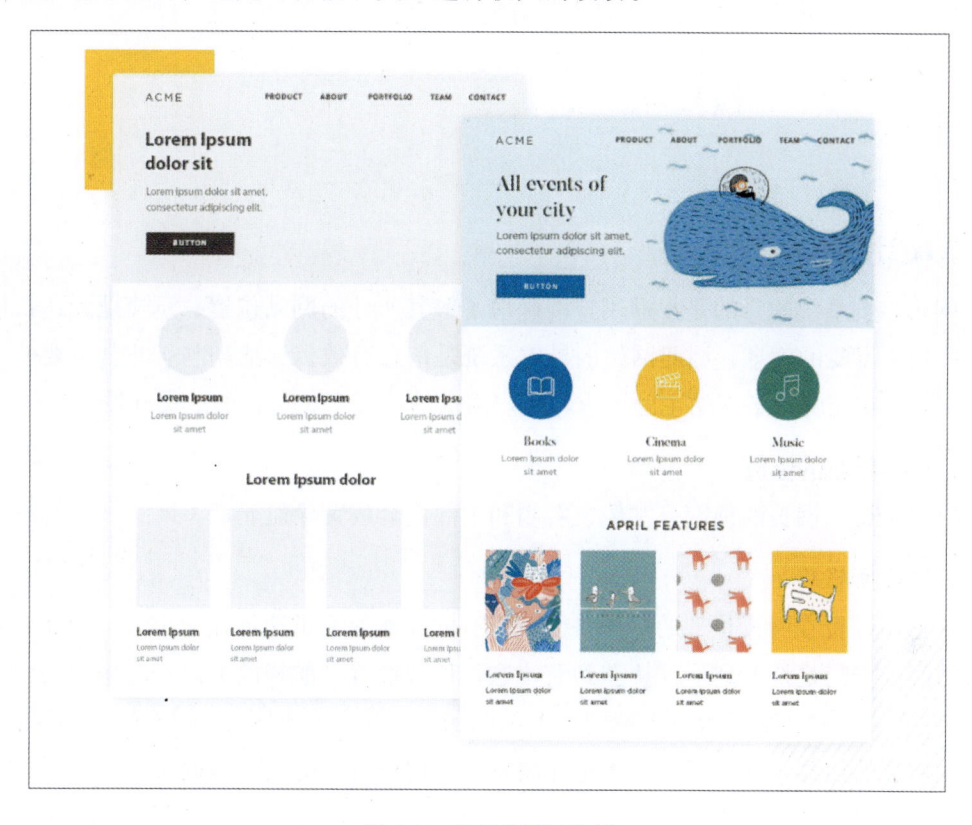

图 6-11　高保真原型示例

第 7 章
网页设计中需要注意的一些细节

7.1 导航

网页导航系统的目的是帮助用户准确地了解其所处的网站位置,迅速地到达目标页面,找到所需要的信息,因此网站的导航系统是信息有效传递成功与否非常重要的一个因素,必须在充分了解网站主题诉求和用户需求的前提下,有目的地展开设计工作。

7.1.1 导航的位置

一般来说,网页的顶部、左侧、右侧和中部适合放置导航元素。

1. 网页顶部

导航栏设置在网页顶部的好处是能将所有的导航元素迅速地显示出来。另外,人们一般的阅读方向是从上到下,从左到右,这种顶部设置导航栏的方法符合用户的阅读习惯。如图 7-1、图 7-2 所示,无论网页上的图像和文字如何切换,主导航栏的位置始终保持在网页的顶端,保证了用户无论在网站的任何位置都能第一时间看到导航栏,方便页面之间的切换。

2. 网页左侧

在左侧创建一个导航栏,这种设置相对缩小了网页信息的容纳空间,但这种做法与传统的软件界面是一致的,符合用户的界面操作习惯(图 7-3)。也有一些设计师会采用顶部和左侧结合的方式设置导航栏(图 7-4)。设置左侧导航栏可以很好地解决顶部导航栏的扩容问题,这种情况通常出现在二级甚至三级页面中(图 7-5)。

3. 网页右侧

把导航元素放在右侧可以满足内容优先的原则。用户在没有导航栏分散注意力的情况下,更容易专注于阅读内容(图 7-6)。从使用角度来讲,右侧导航栏的位置对鼠标的操作更为方便。如图7-7、图7-8所示，设计师将右侧的导航栏以更直接的色块来表示，排除了一切视觉上的干扰，使信息的传递效率得到了更进一步的提高。相比较而言，kaisersosa网站的首页更为简单直接，完全摒弃了传统导航栏的设计，只在页面的右下角以符号和色块来引导用户进行网页浏览（图7-9）。

图 7-1

图 7-2

图 7-3

图 7-4

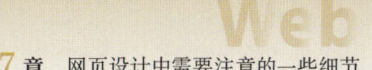

第 7 章　网页设计中需要注意的一些细节　　131

图　7-5

图　7-6

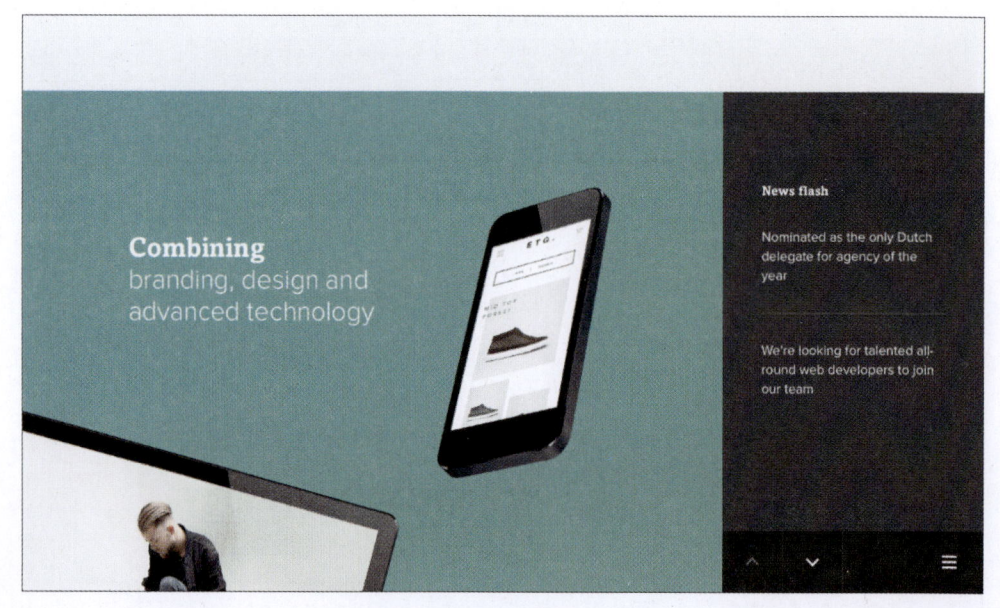

图 7-7

图 7-8

图 7-9

4. 网页中部

在网页中部放置导航栏可以让用户的视觉注意力第一时间集中在此,页面上所有的文字和图像信息都围绕导航栏服务,用户可以最直接地确定自己的位置并寻找下一步的信息引导(图 7-10)。这样放置导航的方式比较适合网页信息内容较少的情况,甚至整张页面仅有导航栏存在(图 7-11、图 7-12)。一般来讲,导入页更适合采用这样的方式。

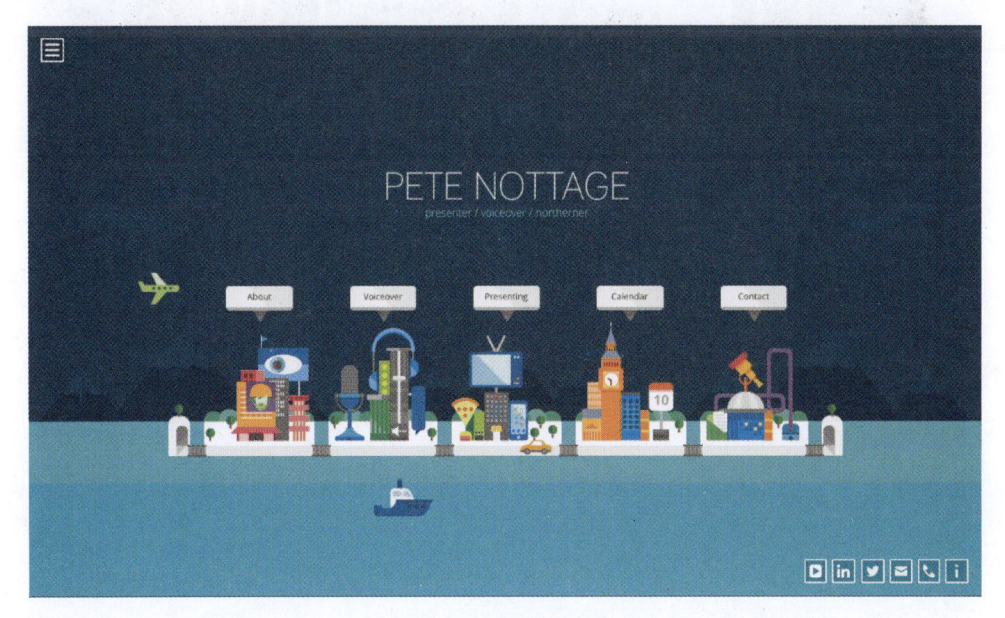

图 7-10

图 7-11

图 7-12

以上简单总结了放置导航栏的位置,当然并不是仅有以上四个位置适合放置导航栏。网站导航栏放在什么地方最合适,需要通过综合分析网站的主题、界面、风格、版式等因素来决定。

7.1.2 导航的表现形式

随着网页开发技术的不断更新,出现了一些更富有创意性的网页设计形式,设计者纷纷尝试不同于传统形式的导航表现形式,表现手法也更多样化,如文字、手绘、图像、图表、纯色等(图 7-13~图 7-16),这类设计打破了常规,创作出让人耳目一新的网页导航系统,使网页不仅看起来更有趣,而且更加实用。

图 7-13

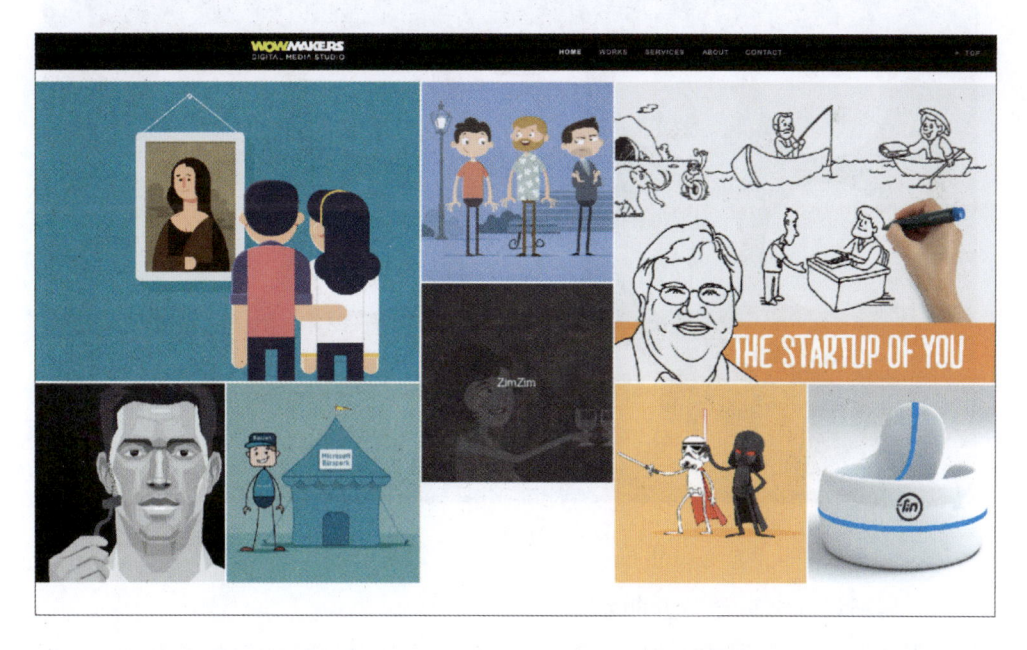

图 7-14

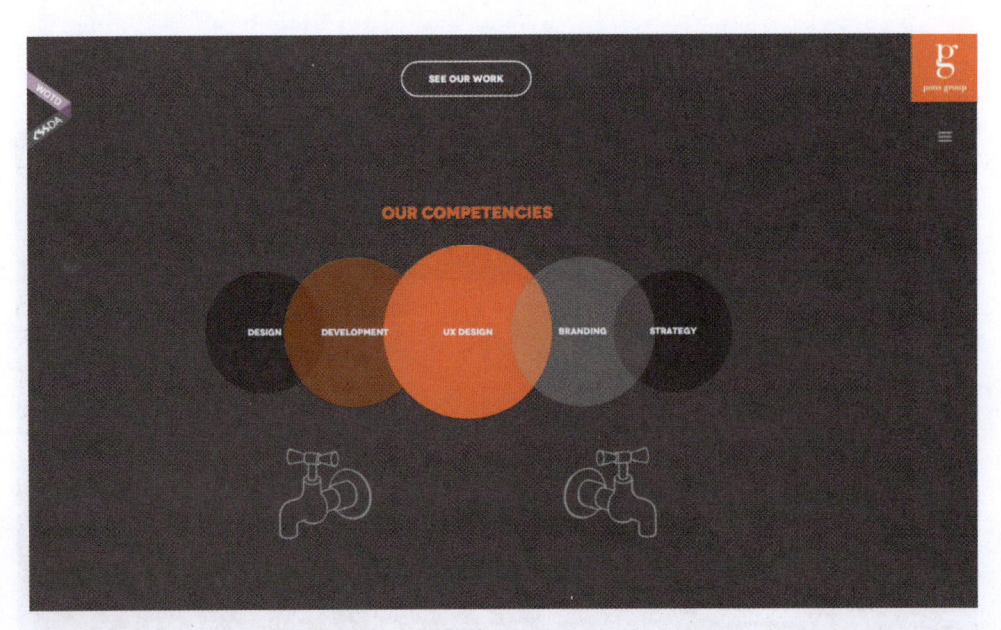

图 7-15

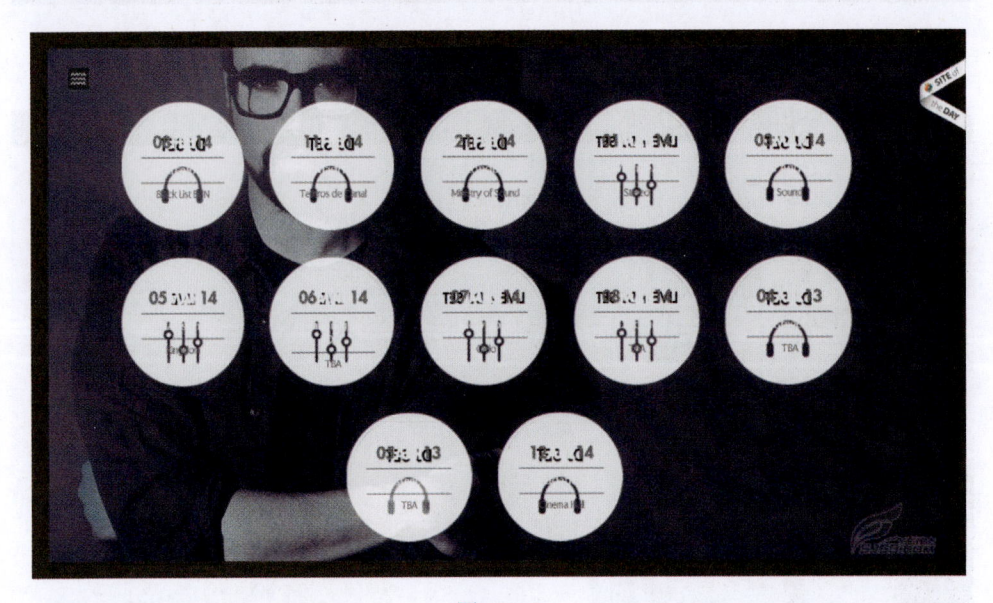

图 7-16

7.1.3 导航设计中需要关注的问题

为了保证网页导航系统的功能性和适用性，无论以什么样的形式或手法去表现，导航栏中的每个链接都应当匹配相应的描述性文字，这样做的目的是帮助用户清晰而准确地知道自己所处的网站位置，以及如何能达到目标页面。同时，次级导航栏、检索字段及外部链接等作为页面导航的一部分，不应当成为页面的主要部分而影响主导航栏的使用。

　　另外，对于不同类型的导航来说，所有的导航布置必须保持一致，这是保证信息传递流畅的必要条件。如果导航栏位置或风格不一致，或者同一个控件在不同的页面上功能不同，势必会引起使用上的混乱而影响信息的传递效率。

7.2　主页

　　主页是一个网站的门户，作用至关重要，能够吸引用户的注意力，留下良好的第一印象。这不仅包括主页在视觉形式上的设计，还包括功能性设计。一般来说，外观是最先被注意到的，网页视觉形式的第一印象会显著地影响用户对网站的价值判断——用户被形式吸引后会进而关注其功能。所以视觉与功能的和谐统一是主页设计需要着重考虑的因素。

　　主页在形式设计上应以醒目和简明为原则，目的就是使用户对主页的视觉内容一目了然，方便快捷地找到所需要的信息。

　　一般情况下，主页大致分为索引式主页、综合式主页和个性化主页三种形式。

1. 索引式主页

　　索引式主页上有包含网站全部内容的目录索引，图文并茂、美观简洁、一目了然，是一种较受推崇的设计形式。这类主页不必堆砌太多的装饰使画面显得过于复杂从而影响信息的传递（图7-17~图7-22）。

图　7-17

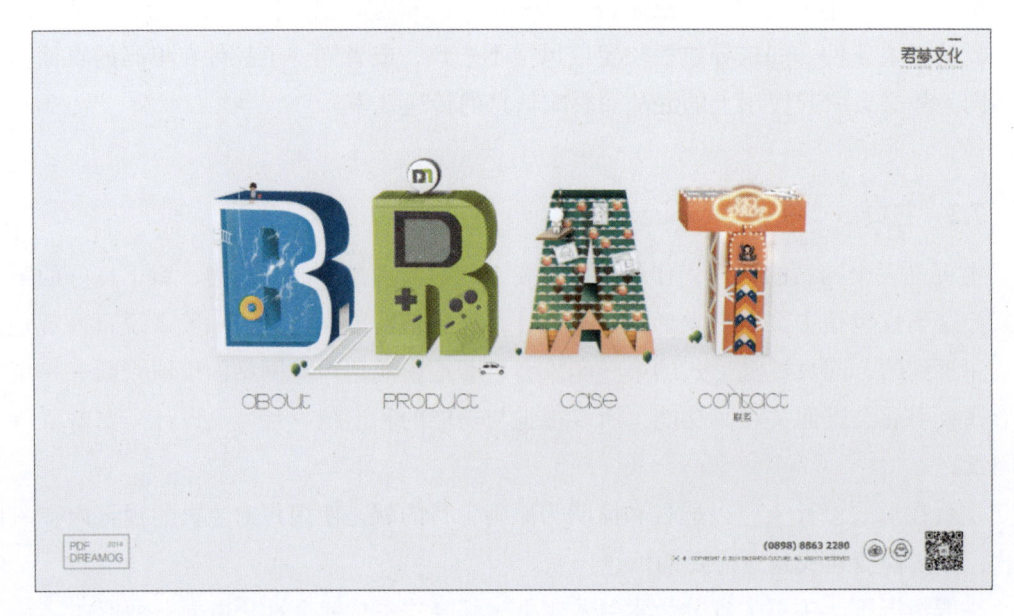

图 7-18

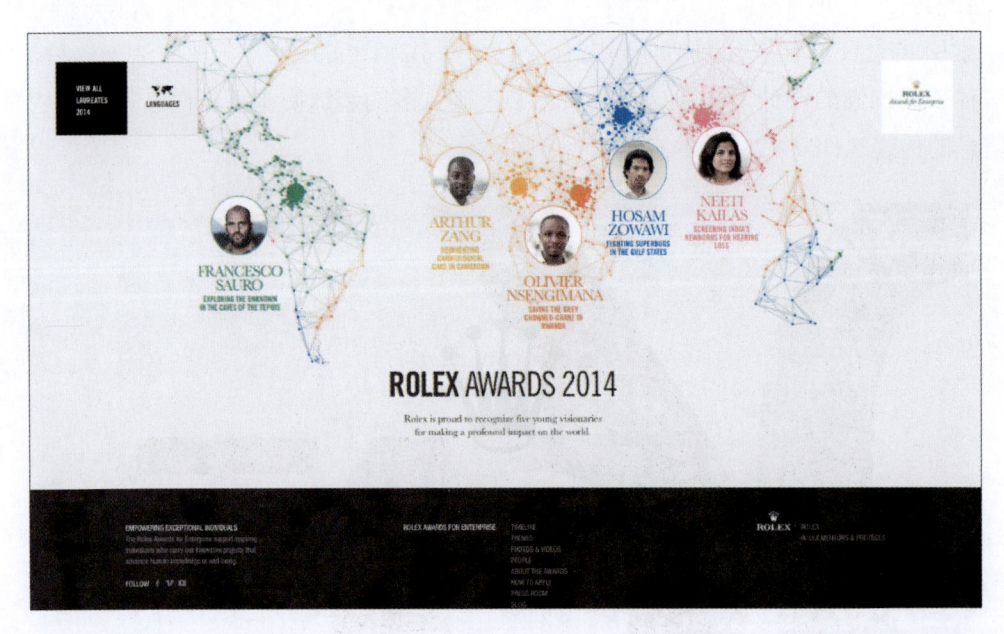

图 7-19

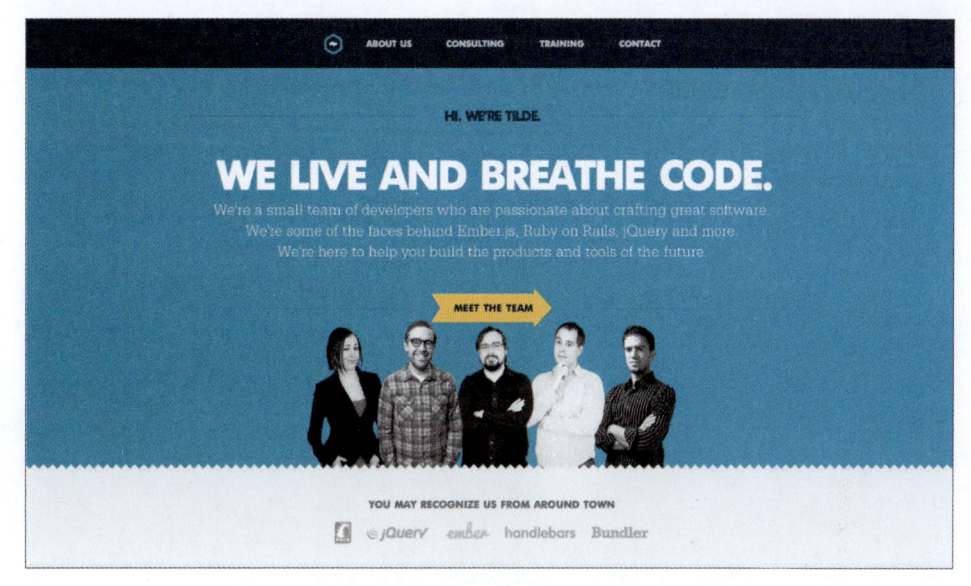

第 7 章　网页设计中需要注意的一些细节　139

图　7-20

图　7-21

图 7-22

2. 综合式主页

为了提高网页下载速度和方便用户操作，有些网站采用综合式主页，将栏目、索引功能、模块、标题、提要、图片等内容一并显示在主页上。这种形式的主页需要认真规划主页上的内容，以免使页面陷入混杂，影响网页信息的传递（图 7-23~图 7-26）。

图 7-23

第 7 章　网页设计中需要注意的一些细节

图　7-24

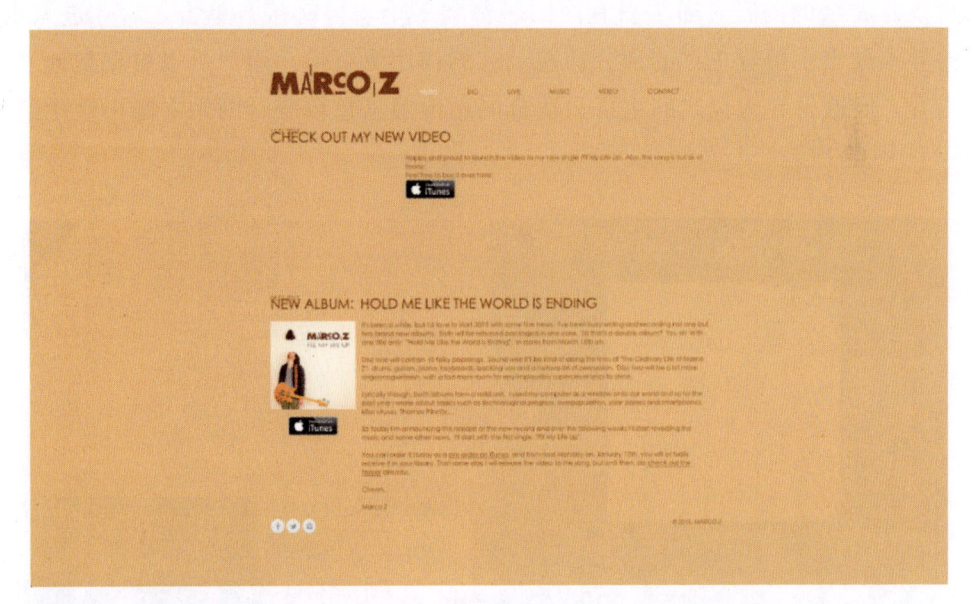

图　7-25

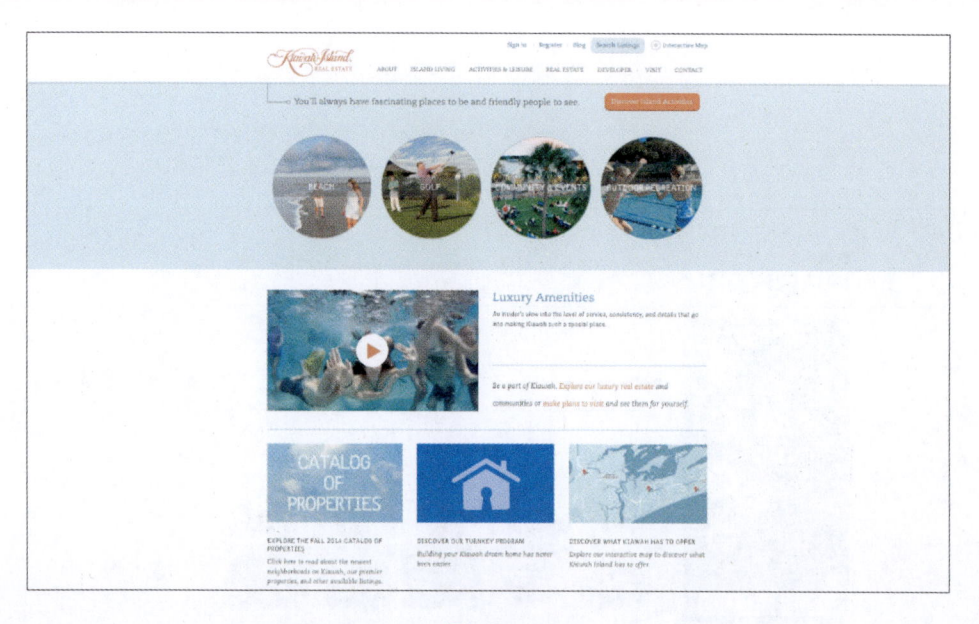

图 7-26

3. 个性化主页

个性化主页对主要功能要件与主要视觉内容有独到的设计,创造了新的网页风格,比普通类型的网页更具有视觉吸引力。例如,有些网站首页是封面式的导入页,这种导入页没有庞杂的内容,通常只有网站名称和一个入口链接,单击之后才进入主页。这样的导入页也承担着主页的部分功能,它的作用更直接,用户可以更直观地寻找到所需内容,但这种导入页式的主页只适合网站内容信息较少、网站主题小众化的网页(图 7-27~图 7-29)。

图 7-27

图 7-28

图 7-29

7.3 页脚

在网页中，页脚是最容易被忽略的部分。它经常用来放置版权信息等说明性文字或不太重要的链接，以及指向法律说明页的常用链接。但是已经有一些设计师开始注意到这个可以使用和扩展的页面空间，并设计出一些功能性页脚，如在页脚放置一些扩展的网页导航以及社会媒体内容，可以将读者引导至相应的页面。

制作功能性页脚有可能会使页脚范围变大，但是如果合理地规划页脚和页面的整体比例，页脚将会是页面不可或缺的组成部分。图 7-30 所示页面的页脚甚至占据了多半屏空间，设计师相当于设计了两个页脚，一个是传统类型的页脚；另一个则是有实际内容的页脚，这些内容可以引导用户跳转到其他的页面，这个页脚相当于承担了部分微型门户首页的作用。图 7-31 中则直接将导航栏设置到页脚的位置，这和传统的网页设计习惯是相违背的，但在使用功能上却没有任何障碍。这两个例子说明，设计没有任何一成不变的法则，只有如何让形式和功能更完美结合的各种创新。

图 7-30

图 7-31

7.4 网页中的图形符号

图形符号在现实生活中随处可见，相对于文字，图形符号在认知方面有着不可取代的优势。文字传达内容需要思维转换，图形符号的表达方式则更直接、更明确，可以在狭小的空间中藏身，且更容易被识别。图形符号的基本意义是运用视觉图形建构信息符号，用符号传达信息，并最终使图形符号通过其传达与接收信息的互动而实现接收者的认知功能。由于图形符号有多种便利优势，因此在网页上使用的频率很高（图 7-32~图 7-34）。

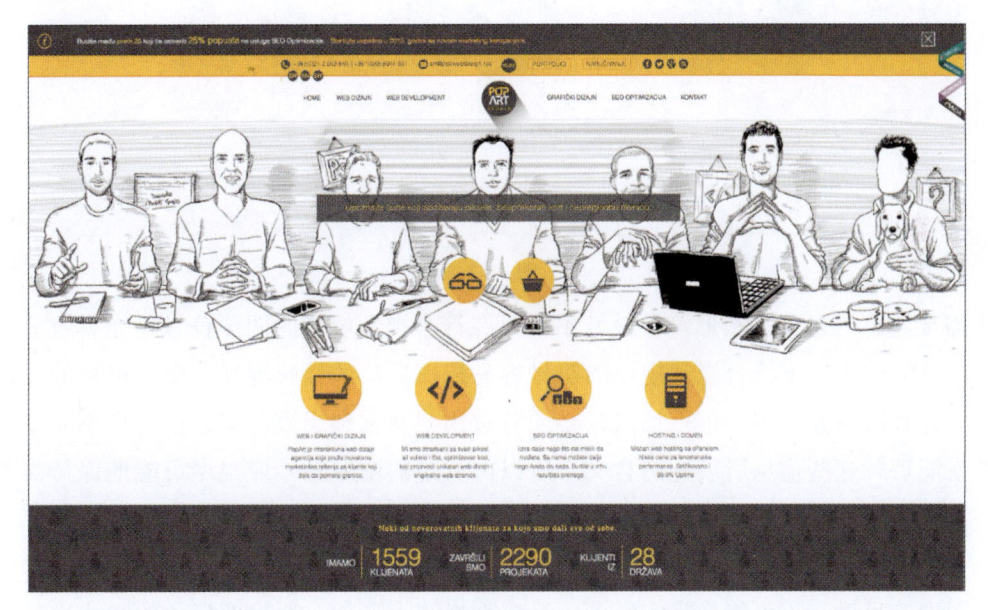

图 7-32

图 7-33

图 7-34

需要注意的是，在图形符号设计中，只有符合视觉规律的图形符号才能有效地承担传递信息的作用，不符合视觉规律的符号容易造成用户的接收混乱。图形符号的设计不是靠设计师的灵光一现、信手拈来，必须尊重用户知觉和思维习惯，使用户不需要努力思考就能理解这些信息所表达的含义。所以网页中的图形符号应当尽可能地保持简单一致，让用户在享受图形符号直观的视觉体验的同时，还能够轻松地理解其实际含义。

网页中的图形符号与其他图形艺术表现手段，既有相同之处，又有自己的设计规律。图形符号设计不可能像写实绘画的形式那样强求形似，要以图形化的方式进行组织处理，在强化形象的形态特征的同时简化结构，形成一种单纯、鲜明的特征来呈现所要表达的具体内容。

一般情况下，网页中的图形符号设计应遵从以下几个基本原则。

1. 尽可能地借用

在进行图形符号设计时，应先看有无现成的图形符号可以借用。因为网页中的图形符号是为了让用户迅速、简单地认识并使用，一些已有的图形符号已经具备了人们所熟知的某些含义，让人不容易产生理解上的误解和偏差。当然，为了确保用户的快速理解，也可以做适当的修改。

2. 功能和形式统一

任何符号元素必须要有意义，而不是纯粹的视觉装饰。设计师不能舍本逐末，要看符号信息在多大程度上与受众相连，图形符号如何传达内容，还要注意功能和形式的统一。

3. 一致性和连贯性

由于网页具有多屏、分页显示的特点，因此保持网页中图形符号的一致性和连贯性显得尤为重要。要求图形符号的设计风格、要素、寓意、色彩、大小、比例等要一致，以保证图形符号标准化的实现，确保用户能够便捷地获取网页信息。

4. 易识别性

网页中的图形符号必须具有极强的可识别性，传达的信息必须具体而准确，否则它就丧失了存在的意义。网页中图形符号的可识别性取决于多种因素，过于复杂的符号使人们难以辨识；过度简化的图形符号容易与其他的符号混淆。另外，设计符号时还要考虑其本意与相关含义的可能性演绎，以避免在图形和其本意之间产生歧义。

5. 确定用户群

设计图形符号时还必须考虑特定的网络用户群，不同的用户群具有不同的认知特点。此外，还需要考虑到不同地区的文化差异，在一种文化语境下理解的事物，换成另外一个文化语境，就可能不被理解甚至产生歧义，所以在设计图形符号的时候，要充分考虑不同用户在理解上的差异，确保不发生理解上的困难和偏差。

随着网络技术的发展，网页中图形符号的表现手法日趋多样化，表现效果也更加细腻，表现力大大增强。但无论如何变化，图形符号的基本设计原则和目标是不变的。正如著名的图标设计师 Susan Kara 认为的那样：好的图形符号设计应该是在同类中易懂、易读、易识别，而不是在说明解释，一个好的创意应该以清晰、简明、给人印象深刻的方式表现出来。

参考文献

[1] MCNEIL P. 网页设计创意书（卷2）[M]. 图灵编辑部, 译. 北京: 人民邮电出版社, 2012.

[2] BEAIRD J. 完美网页的视觉设计法则[M]. 石屹, 译. 2版. 北京: 电子工业出版社, 2013.

[3] 保罗 M.莱斯特. 视觉传播: 形象载动信息[M]. 霍文利, 史雪云, 王海茹, 译. 北京: 中国传媒大学出版社, 2003.

[4] 鲁晓波, 詹炳宏. 数字图形界面艺术设计[M]. 北京: 清华大学出版社, 2006.

[5] SHNEIDERMAN B. 用户界面设计[M]. 北京: 电子工业出版社, 2005.

[6] 林家洋. 图形创意[M]. 哈尔滨: 黑龙江美术出版社，2004.

[7] ARNHEIM R. 艺术与视知觉[M]. 滕守尧, 译. 成都: 四川人民出版社，1998.

[8] 杰夫·卡尔森, 托比·玛琳纳, 格雷·弗莱斯曼. 最佳网页设计[M]. 倪潇潇, 译. 北京: 中国轻工业出版社, 2001.

[9] 李道芳. 扁平化管理与管理的变革[J].合肥学院学报（社会科学版），2005，22(4):104-106.

[10] Nielsen, J. 10 usability heuristics for user interface design[EB/OL].(2024-06-30)[2024-12-02]. https://www.nngroup.com/articles/ten-usability-heuristics/.

[11] What is Fitts'Law?[EB/OL].[2024-08-26]. https://www.interaction-design.org/literature/topics/fitts-law.

[12] What is Hick's Law? [EB/OL].[2024-08-26]. https://www.interaction-design.org/literature/topics/hick-s-law.

[13] HARLEY A. Proximity principle in visual design [EB/OL].(2020-08-02)[2024-12-02]. https://www.nngroup.com/articles/gestalt-proximity/.

[14] Miller's Law [EB/OL].[2024-08-27]. https://lawsofux.com/millers-law/.

[15] COOPER A, REIMANN R, CRONIN D, 等. About Face 4: 交互设计精髓[M]. 倪卫国, 刘松涛, 薛菲, 等译. 北京: 电子工业出版社，2015.

[16] COWAN N. The magical number 4 in short-term memory: A reconsideration of mental storage capacity[J]. Behavioral and Brain Sciences. 2001; 24(1): 87-114.